安全生产百分百学习系列手册

消防安全知识学习手册

主　编　樊晓华

副主编　何勇攀

U0038799

中国劳动社会保障出版社

图书在版编目(CIP)数据

消防安全知识学习手册/樊晓华主编. – 北京：中国劳动社会保障出版社，2018

（安全生产百分百学习系列手册）

ISBN 978-7-5167-3463-6

Ⅰ.①消…　Ⅱ.①樊…　Ⅲ.①消防-安全教育-手册　Ⅳ.① TU998.1-62

中国版本图书馆 CIP 数据核字（2018）第 080877 号

中国劳动社会保障出版社出版发行

（北京市惠新东街 1 号　邮政编码：100029）

*

三河市潮河印业有限公司印刷装订　新华书店经销

880 毫米×1230 毫米　32 开本　4.5 印张　96 千字

2018 年 4 月第 1 版　2023 年 11 月第 10 次印刷

定价：15.00 元

营销中心电话：400-606-6496

出版社网址：http://www.class.com.cn

内容提要

　　本书为"安全生产百分百学习系列手册"之一，主要讲述消防安全基础知识、火灾预防与扑救知识、疏散逃生与应急救护知识。本书主要内容包括：燃烧、爆炸、火灾的基本原理，消防安全管理基础知识，火灾预防基本原理及措施，常见危险引火源的控制措施，常见可燃物的控制措施，常见危险生产和生活场所防火防爆措施，火灾扑救知识，疏散逃生知识，应急救护知识，以及部分火灾事故典型案例，并在最后附有《消防安全常识二十条》。

　　本书涵盖的知识点较多，均是在日常生产生活中经常遇到并且需要了解的消防安全知识。本书适用于企业职工"安全生产月"的安全生产知识普及与宣教教育，也可作为企业班组安全生产知识学习读本，或者用于企业新入厂职工的安全教育培训。

目　录

第一部分　消防安全基础知识

第二部分　火灾预防与扑救

第三部分　疏散逃生与应急救护

第四部分　典型案例

第一部分

消防安全基础知识

一、燃烧、爆炸

（一）物质的燃烧条件

所谓燃烧，是指可燃物与氧化剂作用发生的放热反应，通常伴有火焰、发光和（或）发烟现象。燃烧可分为有焰燃烧和无焰燃烧。通常看到的有明火产生的燃烧都是有焰燃烧。有些固体发生表面燃烧时，只有发光发热的现象，没有火焰产生，这种燃烧就是无焰燃烧。

燃烧的发生和发展必须具备 3 个必要条件，即可燃物、助燃物和点火源。

1. 可燃物

不论固体、液体、气体，凡能与空气中的氧气或氧化剂起剧烈反应的物质，一般都称为可燃物质，如木料、汽油、蚊帐、衣、被等物。

2. 助燃物

助燃物是指帮助可燃物燃烧的物质，确切地说，是指能与可燃

物发生燃烧反应的物质，如氧气。

3. 点火源

凡能引起可燃物质燃烧的热源都叫点火源，如火柴的火焰、电火花等。

上述 3 个条件必须同时具备时，就会发生燃烧。如果有 1 个条件不具备，燃烧就不会发生。

（二）爆炸

所谓爆炸，就是由于物质发生急剧氧化反应或分解反应产生温度、压力增加或两者同时增加的现象。爆炸分为物理爆炸、化学爆炸、核爆炸 3 类。

爆炸必须具备 3 个条件：

1. 爆炸性物质：能与氧气（空气）反应的物质，包括气体、液体和固体（气体：氢气、乙炔、甲烷等；液体：酒精、汽油；固体：粉尘、纤维粉尘等）。

2. 空气或氧气。

3. 点燃源：包括明火、电气火花、机械火花、静电火花、高温、化学反应、光能等。

（三）燃点

在规定的试验条件下，应用外部热源使物质表面起火并持续燃烧一定时间所需的最低温度，称为燃点。燃点越低，火灾危险性越大，反之则越小。

（四）闪点

在规定的试验条件下，液体挥发的蒸气与空气形成的混合物遇火源能够发生闪燃所需的最低温度（采用闭杯法测定），称为闪点。闪点是可燃性液体性质的重要标志之一，是衡量液体火灾危险性大小的重要参数。闪点越低，火灾危险性越大，反之则越小。

（五）爆炸极限

对于可燃气体、液体蒸气和粉尘等不同形态的物质，通常以与空气混合后的体积分数或单位体积中的质量等来表示遇火源会发生爆炸的最高或最低的浓度范围，称为爆炸浓度极限，简称爆炸极限。能引起爆炸的最高浓度称爆炸上限，能引起爆炸的最低浓度称为爆炸下限，上限和下限之间的间隔称为爆炸极限范围。可燃气体、液体蒸气和粉尘与空气混合后形成的混合物遇火源不一定都能发生爆炸，只有其浓度处在爆炸极限范围内，才发生爆炸。

二、火灾

（一）火灾的概念

火灾是指在时间或空间上失去控制的灾害性燃烧现象。在各种灾害中，火灾是经常、普遍地威胁公众安全和社会发展的主要灾害之一。

消防安全知识学习手册
XIAOFANG ANQUAN ZHISHI XUEXI SHOUCE

（二）火灾形成的条件

从本质上来说，火灾也是一种燃烧，因此，其形成的条件也满足燃烧发生和发展所必须具备的 3 个必要条件。当上述燃烧发生后，其生成的热量、烟气对人类、自然产生一定的损伤后，燃烧就转化为火灾。

（三）火灾的分类

1. 按照燃烧对象的性质分类

依据国家标准《火灾分类》（GB/T 4968—2008）的规定，火灾分为 A、B、C、D、E、F 6 类。

（1）A 类火灾：固体物质火灾。这种物质通常具有有机物性质，一般在燃烧时能产生灼热的余烬，如木材、棉、毛、麻、纸张等。

（2）B 类火灾：液体或可熔化固体物质火灾，如汽油、煤油、原油、甲醇、乙醇、沥青、石蜡等引起的火灾。

（3）C 类火灾：气体火灾，如煤气、天然气、甲烷、乙烷、氢气、乙炔等引起的火灾。

（4）D 类火灾：金属火灾，如钾、钠、镁、钛、锆、锂等引起的火灾。

（5）E 类火灾：带电火灾，即物体带电燃烧的火灾，如变压器等设备的电气火灾等。

（6）F 类火灾：烹饪器具内的烹饪物（如动植物油脂）火灾。

2. 按照火灾事故所造成的灾害损失程度分类

依据国务院 2007 年 4 月 9 日颁布的《生产安全事故报告和调

查处理条例》（中华人民共和国国务院令第 493 号）中规定的生产安全事故等级标准，公安机关消防部门将火灾分为特别重大火灾、重大火灾、较大火灾和一般火灾 4 个等级。

（1）特别重大火灾：是指造成 30 人以上死亡，或者 100 人以上重伤，或者 1 亿元以上直接财产损失的火灾。

（2）重大火灾：是指造成 10 人以上 30 人以下死亡，或者 50 人以上 100 人以下重伤，或者 5 000 万元以上 1 亿元以下直接财产损失的火灾。

（3）较大火灾：是指造成 3 人以上 10 人以下死亡，或者 10 人以上 50 人以下重伤，或者 1 000 万元以上 5 000 万元以下直接财产损失的火灾。

（4）一般火灾：是指造成 3 人以下死亡，或者 10 人以下重伤，或者 1 000 万元以下直接财产损失的火灾。

注："以上"包括本数，"以下"不包括本数。

（四）火灾常见原因

事故都有起因，火灾也是如此。分析起火原因，了解火灾发生的特点，是为了更有针对性地运用技术措施，有效控火，防止和减少火灾危害。火灾有如下几种常见原因：

1. 电气原因

电气原因引起的火灾在我国火灾总量中的比例居于首位。电气火灾的原因复杂，既涉及电气设备的设计、制造及安装，也与产品投入使用后的维护管理、安全防范有关。电气火灾的直接原因包括电气设备过负荷、电气线路接头接触不良、电气线路短路等，间接原因包括电气设备故障、电气设备设置和使用不当等。例如，使用

电热扇距可燃物较近，超负荷使用电器，购买使用劣质开关、插座、灯具等，忘记关闭电器电源等。

2. 吸烟

烟蒂和点燃烟后未熄灭的火柴梗温度可达到 800℃，能引起许多可燃物质燃烧，在起火原因中，占有相当大的比例，尤其是在较大以上火灾中的比例较高。例如：将没有熄灭的烟头或者火柴梗扔在可燃物中引起火灾；躺在床上，特别是醉酒后躺在床上吸烟，烟头掉落在被褥上引起火灾；在禁止火种的火灾高危场所，因违章吸烟引起火灾事故等。

3. 生活用火不慎

主要指城乡居民家庭生活用火不慎。例如：家中烧香祭祀过程中无人看管，造成香灰散落，引发火灾；炊事用火中炊事器具设置不当，安装不符合要求，在炉灶的使用中违反安全技术要求等引起火灾；用炉火烘烤褥子、衣物等引起火灾。

4. 生产作业不慎

主要指违反安全生产制度引起火灾。例如：在易燃易爆的车间内动用明火，引起爆炸起火；将性质相抵触的物品混存在一起，引起燃烧、爆炸；在用气焊焊接和切割时，因未采取有效的防火措施，飞溅出的大量火星和熔渣引燃周围可燃物；在机器设备运转过程中，不按时添加润滑油，或没有清除附在机器轴承上的杂质、废物，使机器该部位摩擦发热，引起附着物起火；化工生产设备失修，可燃气体及易燃、可燃液体出现跑、冒、滴、漏，遇到明火燃烧或爆炸等。

5. 设备故障

在生产或生活中，一些设施设备疏于维护保养，导致在使用过程中无法正常运行，因摩擦、过载、短路等原因造成局部过热，从而引发火灾。例如，一些电子设备长期处于工作或通电状态，因散热不力，最终导致内部故障而引起火灾。

6. 玩火

未成年儿童因缺乏看管，玩火取乐，也是造成火灾发生常见的原因之一。每逢节日庆典，不少人喜爱燃放烟花爆竹或者点孔明灯来增加气氛。被点燃的烟花爆竹或者孔明灯本身即是火源，极易引发火灾，还会造成人员伤亡。

7. 雷击

雷电直接击在建筑物上发生热反应、机械效应，高电位雷电波沿着电气线路或者金属管道系统侵入建筑物内部，引起火灾。在雷电较多的地区，建筑物上如果没有设置可靠的防雷保护设施，便有可能发生雷击起火。

8. 放火

主要是指人为放火的方式引起的火灾，一般是当事人以放火为手段达到某种目的。这类火灾是当事人故意为之，通常经过一定的策划准备，因此往往缺乏初期救助，火灾发展迅速，后果严重。

（五）火灾的特点

1. 火灾随社会环境因素的变化而变化

由于火的利用是社会性的，因此，火成为灾害必然受社会上各种环境因素的影响，其中有经济、技术、政治、文化、风俗习惯等因素影响。

城市化、市场化建设进程加快，工业的发展使设备增多，交通

的发展使交通工具增多，人民生活水平的提高使家用电器增多……总之，随着经济的发展，引发火灾的因素增多，造成的火灾增多，一旦发生火灾，损失也将增多。自动化水平的提高，提高了监控质量；阻燃新材料的使用，使火灾难以发生；新技术的使用，使灭火设备更先进，灭火能力增强……技术支撑上越来越坚强有力，起火成灾率也越来越小。

法制健全、消防管理和制度保障上严密有效，监督检查上严格细致，事故处理上严肃认真，火灾则少。反之，管理失控，火灾将增多，损失也将增大。消防教育的普及，消防意识的增强，人们遵守法律、法规的自觉性提高，思想认识上警钟长鸣，防火灭火知识丰富，自身抗御火灾的警惕性和技能提高，起火成灾率会大幅减少。

风俗习惯对火灾形成也有影响。文明生产、"小心灯火"等良好风气，给消防管理营造一个良好的社会环境，火灾趋势将会下降。不良风俗习惯，如违规燃放烟花爆竹、上坟烧纸、供神焚香、酗酒吸烟、乱扔烟头等，容易产生火灾。

2. 火灾随季节变换而变化

我国地域广阔，各地经济发展、风土人情有所差异，但就火灾与季节的关系而言，有着基本共同的规律：冬季（12月至次年2月）火灾起数较多，夏季（6月至8月）火灾起数较少。冬天气温低、空气干燥，生产、生活取暖用火、用气、用油、用电增多，夜晚照明时间加长，这是火灾多发的主要原因。

3. 火灾昼夜变化规律

火灾在一天24小时内呈现的一般规律是：白天起火次数多，深夜起火次数少；从成灾率看，白天低，夜间高；从损失看，白天少，夜间多。致人死亡的火灾和重特大火灾多发生在夜间。

（六）建筑物火灾的发展过程

火灾都有一个由小到大，由发生、发展直至熄灭的过程。火灾初起通常是局部的、缓慢的，但随着热量聚集而越烧越烈，当达到最大值时，在某种作用下又逐渐衰减，甚至熄灭。通常，根据火灾温度随时间的变化特点，将火灾发展过程分成初起、发展、猛烈、衰减 4 个阶段。

1. 火灾初起阶段

发生火灾后，最初阶段只是起火部位及其周围可燃物燃烧，其火灾特点是：火灾燃烧面积不大，火灾仅限于初始起火点附近；室内温度差别大，燃烧区域及其附近存在高温，而室内平均温度不高；火灾发展速度缓慢，火势不够稳定，其持续时间取决于着火源的类型、可燃物性质和分布、通风条件等。

从初起阶段的特点可见，火灾初起燃烧面积小，用少量的灭火剂就可以把火扑灭，该阶段是灭火最有利的时机，故应争取及早发现，把火灾及时控制、消灭在起火点。为此，在建筑物内设置火灾自动报警系统和自动灭火系统、配备适当数量的灭火器是很有必要的。初起阶段时间持续越长，越有机会发现火灾和进行灭火，并有利于人员的安全撤离。

2. 火灾发展阶段

火灾初起阶段后期，火灾燃烧面积迅速扩大，温度不断升高，热对流和热辐射显著增强。当达到一定温度时，聚积的可燃物分解产生的可燃气体突然起火，到处都充满了火焰，所有可燃物表面全

部都卷入火灾之中，燃烧很猛烈，温度升高很快。

在火灾发展阶段，如果在一限定空间内，可燃物的表面全部卷入燃烧的瞬变状态被称为轰燃。对于发生轰燃的临界条件，目前主要有两种观点：一种是以到达地面的热通量达到一定值为条件，认为要使室内发生轰燃，地面可燃物接收到的热通量应不小于 20 kW/m^2；另一种是用顶棚下的烟气温度接近 600℃为临界条件。

火场实践表明，室内天棚及门窗充满高热浓烟，或烟从窗口上部喷出并呈翻滚状态，是室内有可能发生轰燃的预警信号；如果烟只是停留在天棚顶部，一般无轰燃危险，但当烟下降并出现滚动现象时，也是轰燃即将发生的预警信号。

总之，轰燃是室内火灾最显著的特征之一，具有突发性，它的出现标志着火灾从发展阶段进入猛烈阶段，即火灾发展到不可控制的程度，增大了周边建筑物着火的可能性。若在轰燃之前，火场被困人员仍未从室内逃出，就会有生命危险。

3. 火灾猛烈阶段

轰燃发生后，室内所有可燃物都在猛烈燃烧，放热量加大，因此房间内温度升高很快，并出现持续性高温，最高温度可达 1 100℃。火焰、高温烟气从房间的开口大量喷出，使火灾蔓延到建筑物的其他部分。

4. 火灾衰减阶段

经过猛烈燃烧之后，室内可燃物大都被烧尽，火灾燃烧速度递减，温度逐渐下降，燃烧向着自行熄灭的方向发展。一般把室内平均温度降到温度最高值的 80％作为猛烈阶段与衰减阶段的分界。针对该阶段的特点，应注意防止建筑构件因较长时间受高温作用和灭火射水的冷却作用而出现裂缝、下沉、倾斜或倒塌，确保消防人员的人身安全。

由此可见，火灾在初起阶段容易控制和扑灭，如果发展到猛烈阶段，不仅需要动用大量的人力和物力进行扑救，还可能造成严重的人员伤亡和财产损失。

（七）火灾的危害

1. 威胁生命安全

建筑物火灾会对人的生命安全构成严重威胁。一场大火有时会吞噬几十人、甚至几百人的生命。据统计，2015年至2017年10月，全国共发生火灾86.9万起，造成4 389人死亡、2 856人受伤，年均较大以上火灾60余起。建筑物火灾对生命的威胁主要来自以下几方面：

首先，建筑物采用的许多可燃性材料或高分子材料在起火燃烧时产生高温高热，对人员的肌体造成严重伤害，甚至致人休克、死亡。

其次，因燃烧热造成的一氧化碳、氰化物等有毒烟气，吸入后会产生呼吸困难、头痛、恶心、神经系统紊乱等症状，威胁生命安全。在所有火灾死亡的人中，约有3/4的人吸入有毒有害烟气后直接导致死亡。

最后，建筑物经燃烧，达到甚至超过了承重构件的耐火极限，导致建筑整体或部分构件坍塌，造成人员伤亡。

2. 造成经济损失

建筑火灾造成的经济损失最为严重，主要体现在以下几个方面：

（1）火灾烧毁整幢建筑物内的财物，甚至因火势蔓延而使建筑物化为灰烬。2004 年 12 月 21 日，湖南省常德市鼎城区桥南市场发生特大火灾，过火建筑面积 83 276 m²，直接财产损失 1.876 亿元。

（2）建筑物火灾产生的高温高热，将造成建筑结构的破坏，甚至引起建筑物整体倒塌。如 2001 年 9 月 11 日美国纽约世贸大厦，因飞机撞击后酿成大火，最后建筑物垮塌。

（3）建筑火灾产生的流动烟气，将使远离火焰的财物，特别是精密电器、纺织物等受到侵蚀，甚至无法再使用。

（4）扑救建筑火灾所用的水、干粉、泡沫等灭火剂，不仅本身是一种资源损耗，还将使建筑内的财物遭受水渍、污染等。

（5）建筑火灾发生后，建筑修复重建、人员善后安置、生产经营停业等会造成巨大的间接经济损失。

3. 破坏文明成果

一些历史保护建筑、文化遗址一旦发生火灾，除了会造成人员伤亡和财产损失外，大量文物、典籍、古建筑等诸多的稀世瑰宝面临烧毁的威胁，这将对人类文明成果造成无法挽回的损失。1923 年 6 月 27 日，原紫禁城（现为北京故宫博物院）内发生火灾，将建福宫一带储藏珍宝最多的殿宇楼馆烧毁。据史料记载，共烧毁金佛 2 665 尊、字画 1157 件、古玩 435 件、古书 11 万册，损失难以估量。1994 年 11 月 15 日，吉林省吉林市银都夜总会发生火灾，火势蔓延到相邻的博物馆，使 7 000 万年前的恐龙化石以及其他大批珍贵文物毁于一旦。

4. 影响社会稳定

从许多火灾案例来看，当学校、医院、宾馆、办公楼等公共场所发生群死群伤恶性火灾，或粮食、能源、资源等涉及国计民生的重要工业建筑发生大火时，极可能在民众中造成心理恐慌。家庭是社会细胞，普通家庭生活遭受火灾的危害，也将在一定范围内造成负面影响，损害群众的安全感，影响社会的稳定。

5. 破坏生态环境

火灾的危害不仅表现在毁坏财物、威胁人类生命，而且还会严重破坏生态环境。如森林火灾的发生，会使大量的动植物灭绝，导致生态平衡被破坏，引发饥荒和疾病的流行，严重威胁人类的生存和发展。2006 年 11 月 13 日，中石油吉林石化公司双苯厂发生火灾爆炸事故，事故产生的主要污染物苯、苯胺和硝基苯等有机物进入松花江，引发严重水体污染事件。

三、消防安全管理

（一）消防安全法律法规、方针政策

1.《中华人民共和国消防法》（以下简称《消防法》）第二条明确指出："消防工作贯彻预防为主、防消结合的方针，按照政府统一领导、部门依法监管、单位全面负责、公民积极参与的原则，实行消防安全责任制，建立健全社会化的消防工作网络。"

2.《消防安全责任制实施办法》（国办发〔2017〕87 号，以下简称《办法》）对消防安全责任制的实施做出全面、具体规定，进一步明确消防安全责任，建立完善消防安全责任体系，坚决预防和遏制重特大火灾事故发生。

《办法》规定，地方各级人民政府负责本行政区域内的消防工作，政府主要负责人为第一责任人，分管负责人为主要责任人。县

级以上地方人民政府公安机关对本行政区域内的消防工作实施监督管理，其他有关部门按照管行业必须管安全、管业务必须管安全、管生产经营必须管安全的要求，在各自职责范围内依法依规做好本行业、本系统的消防安全工作。机关、团体、企业、事业单位等的法定代表人、主要负责人或实际控制人是本单位、本场所消防安全责任人，对消防安全全面负责。

《办法》规定，县级以上地方各级人民政府应当落实消防工作责任制，将消防工作纳入经济社会发展总体规划，建立常态化火灾隐患排查整治机制，依法建立公安消防队和政府专职消防队，组织领导火灾扑救和应急救援工作等。同时，《办法》细化了省、自治区、直辖市人民政府，市、县级人民政府，乡镇人民政府和街道办事处的消防安全专属职责。

《办法》规定，县级以上人民政府工作部门应当按照谁主管、谁负责的原则，在行业安全生产法规政策、规划计划和应急预案中纳入消防安全内容，依法督促相关单位落实消防安全责任制，确定专（兼）职消防安全管理人员，落实消防工作经费等。同时，《办法》细化了公安、教育、人力资源社会保障等 13 个具有行政审批职能的部门以及发展改革、科技、工业和信息化等 25 个具有行政管理或公共服务职能的部门的消防安全职责。

《办法》规定，机关、团体、企业、事业等单位应当落实消防安全主体责任，明确消防安全责任人及其职责，保障消防工作资金投入，按照相关标准配备消防设施、器材，根据需要建立专职或志愿消防队、微型消防站等。同时，针对消防安全重点单位和火灾高危单位，规定了更严格的消防安全职责。

《办法》明确，地方各级人民政府和有关部门不依法履行职责，在涉及消防安全行政审批、公共消防设施建设、重大火灾隐患整改、消防力量发展等方面工作不力、失职渎职的，依法依规追究有关人员责任，涉嫌犯罪的，移送司法机关处理；因消防安全责任不落实发生一般及以上火灾事故的，依法依规追究单位直接责任人、法定代表人、主要负责人或实际控制人的责任，涉嫌犯罪的，移送司法机关处理。

3.2018 年 3 月，中共中央印发了《深化党和国家机构改革方案》，其中决定组建应急管理部，将公安部的消防管理、农业部的草原防火、国家林业局的森林防火及国家森林防火指挥部的职责并入应急管理部，公安消防部队、武警森林部队转制后，由应急管理部管理。我国消防安全管理体系将随着本次机构改革的推进与落实，做出相应调整。

（二）单位、消防安全重点单位的消防安全职责和义务

1. 单位的消防安全职责

（1）落实消防安全责任制，制定本单位的消防安全制度、消防安全操作规程，制定灭火和应急疏散预案。

（2）按照国家标准、行业标准配置消防设施和器材，设置消防安全标识，并定期组织检验、维修，确保完好有效。

（3）对建筑消防设施每年至少进行一次全面检测，确保完好有效。检测记录应当完整、准确，存档备查。

（4）保障疏散通道、安全出口、消防车通道畅通，保证防火防烟分区、防火间距符合消防技术标准。

（5）组织防火检查，及时消除火灾隐患。

（6）组织进行有针对性的消防演练。

（7）法律、法规规定的其他消防安全职责。

2. 消防安全重点单位的消防安全职责

除履行社会单位消防安全职责外，还应履行下列职责：

（1）确定消防安全管理人，组织实施本单位消防安全管理工作。

（2）建立消防档案，确定消防安全重点部位，设置防火标识，实行严格管理。

（3）实行每日防火巡查，并建立巡查记录。

（4）对职工进行岗前消防安全培训，定期组织消防安全培训和消防演练。

3. 单位的义务

任何单位都有维护消防安全、保护消防设施、预防火灾、报告火警的义务。任何单位都有参加有组织的灭火工作的义务。

4. 消防安全宣传教育

各级人民政府应当组织开展经常性的消防宣传教育，提高公民的消防安全意识。机关、团体、企业、事业等单位，应当加强对本单位人员的消防宣传教育。公安机关及其消防机构应当加强消防法律、法规的宣传，并督促、指导、协助有关单位做好消防宣传教育工作。教育、人力资源行政主管部门和学校、有关职业培训机构，应当将消防知识纳入教育、教学、培训的内容。新闻、广播、电视等有关单位，应当有针对性地面向社会进行消防宣传教育。工会、共产主义青年团、妇女联合会等团体应当结合各自工作对象的特点，组织开展消防宣传教育。村民委员会、居民委员会应当协助人民政府、公安机关等部门，加强消防宣传教育。

（三）个人的消防安全职责和义务

消防安全组织人员基本分为消防安全责任人、消防安全管理人、专（兼）职消防安全管理人员、自动消防系统操作人员、部门消防安全负责人等。除此之外，按照《消防法》的有关规定，志愿消防队员、一般员工、个人都应负有各自的消防安全职责和义务。

1. 消防安全责任人职责

法人单位的法定代表人或非法人单位的主要负责人是社会的"第一责任人"，主要承担消防安全工作的第一责任和事故追究顺序上的第一责任。

首先，法人单位的法定代表人是依照法律或组织章程行使职权的负责人，对法人单位的违法行为承担行政或刑事责任。

其次，按照"责权统一"的原则，独立行使职权的单位同时具有必须独立承担的义务，单位的主要负责人作为单位第一人，要义无反顾地承担起消防安全第一责任。由于单位的法定代表人或主要负责人处于决策者、指挥者的重要地位，为了使消防安全工作真正落到实处，必须明确单位的法定代表人或主要负责人是消防安全责任人，对单位的消防安全工作全面负责。消防安全责任人是否重视消防安全，对本单位的消防安全具有至关重要的意义。消防安全责任人必须要认真贯彻执行消防法规，保障消防安全符合规定，掌握本单位消防安全情况，将消防安全工作纳入本单位的整体决策和统筹安排，并与生产、经营、管理、科研等工作同步进行，同步发展。消防安全责任人应履行下列职责：

（1）贯彻执行消防法规，保障单位消防安全符合规定，掌握本单位消防安全情况。

（2）将消防工作与本单位的生产、科研、经营、管理等活动统筹安排，批准实施年度消防工作计划。

（3）为本单位的消防安全提供必要的经费和组织保障。

（4）确定逐级消防安全责任，批准实施消防安全制度和保障消防安全的操作规程。

（5）组织防火检查，督促落实火灾隐患整改，及时处理涉及消防安全的重大问题。

（6）根据消防法规的规定建立专职消防队、志愿消防队。

（7）组织制定符合本人单位实际的灭火和应急疏散预案，并实施演练。

2. 消防安全管理人职责

消防安全管理人是指单位中有一定领导职务和权限的人员，受消防安全责任人委托，具体负责管理单位的消防安全工作，对消防安全责任人负责。消防安全管理人应当履行下列消防安全责任：

（1）拟定年度消防工作计划。

（2）组织制定消防安全制度和保障消防安全的操作规程，并检查督促其落实。

（3）拟定消防安全工作的资金投入和组织保障方案。

（4）组织实施防火检查和火灾隐患整改工作。

（5）组织实施对本单位消防设施、灭火器材和消防安全标识的维护保养，确保其完好有效，确保疏散通道和安全出口畅通。

（6）组织管理专职消防队和志愿消防队。

（7）在员工中组织开展消防知识、技能的宣传教育和培训，组织灭火和应急疏散预案的实施和演练。

（8）完成单位消防安全责任人委托的其他消防安全管理工作。

消防安全基础知识

3. 专（兼）职消防安全管理人员的职责

专（兼）职消防安全管理人员是做好消防安全的重要力量，在消防安全责任人和消防安全管理人的领导下开展消防安全管理工作。专（兼）职消防安全管理人员应当履行下列消防安全责任：

（1）掌握消防法律法规，了解本单位消防安全状况，及时向上级报告。

（2）提请确定消防安全重点单位，提出落实消防安全管理措施的建议。

（3）实施日常防火检查、巡查，及时发现火灾隐患，落实火灾隐患整改措施。

（4）管理、维护消防设施、灭火器材和消防安全标识。

（5）组织开展消防宣传，对全体员工进行教育培训。

（6）编制灭火和应急疏散预案，组织演练。

（7）记录有关消防工作的开展情况，完善消防档案。

（8）完成其他消防管理工作。

4. 自动消防系统操作人员职责

自动消防系统操作人员包括单位消防控制室的值班、操作人员，以及从事气体灭火系统等自动消防设施管理、维护的人员等。自动消防系统操作人员应当履行下列职责：

（1）自动消防系统操作人员必须持证上岗，掌握自动消防系统的功能及操作规程。

（2）每日测试主要消防设施功能，发现故障应 24 小时内排除，不能排除的应逐级上报。

（3）核实、确认信息，及时排除误报和一般故障。

（4）发生火灾时，按照灭火和应急疏散预案，及时报警和启动

相关消防设施。

5. 部门消防安全负责人的职责

部门消防安全负责人对本部门消防安全工作负总责，应当带头督促本部门员工遵守各种消防安全法律法规和各项消防安全管理制度，其应当履行下列职责：

（1）组织实施本部门的消防安全管理工作计划。

（2）根据本部门的实际情况，开展消防安全教育与培训，制定消防安全管理制度，落实消防安全措施。

（3）按照规定实施消防安全巡查和定期检查，管理消防安全重点部位，维护管辖范围的消防设施。

（4）及时发现和消除火灾隐患，不能消除的，应采取相应措施，并及时向消防安全管理人报告。

（5）发现火灾，及时报警，并组织人员疏散和初期火灾扑救。

6. 志愿消防队员的职责

志愿消防队员来自单位员工，是发生火灾时单位的主要灭火力量。应对其定期组织训练、考核和应急疏散演练，其应当履行下列消防安全职责：

（1）熟悉本单位灭火与应急疏散预案，以及本人在志愿消防队中的职责分工。

（2）参加消防业务培训、灭火与应急疏散演练，了解消防知识，掌握灭火与疏散技能，会使用灭火器材及消防设施。

（3）做好本部门、本岗位日常防火安全工作，宣传消防安全常识，督促他人共同遵守，开展群众性自防自救工作。

（4）发生火灾时须立即赶赴现场，服从现场指挥，积极参加扑救火灾、人员疏散、救助伤员、保护现场等工作。

7. 一般员工职责

（1）明确各自消防安全责任，认真执行本单位的消防安全制度和安全操作规程，维护消防安全，预防火灾。

（2）保护消防设施和器材，保障消防车道畅通。

（3）发现火灾，及时报警。

（4）参加有组织的灭火工作。

（5）发生火灾后，公共场所的现场工作人员应当立即组织引导在场群众安全疏散。

（6）接受单位组织的消防安全培训，掌握火灾的危险性和预防火灾措施，懂得火灾扑救及火灾现场逃生方法；会报火警、使用灭火器材和扑救初期火灾，会逃生自救。

8. 个人职责

《消防法》第五条规定："任何单位和个人都有维护消防安全、保护消防设施、预防火灾、报告火警的义务。任何单位和成年人都有参加有组织的灭火工作的义务。"

《消防法》第四十四条规定："任何人发现火灾都应当立即报警。任何单位、个人都应当无偿为报警提供便利，不得阻拦报警。严禁谎报火警。

"人员密集场所发生火灾，该场所的现场工作人员应当立即组织、引导在场人员疏散。"

同时，《消防法》还规定，任何个人都有权对公安机关消防机构及其工作人员在执法中的违法行为进行检举、控告。

（四）单位、个人的违法行为及应负的法律责任

单位、个人的违法行为及应负的法律责任具体内容见表1。

表1　消防违法行为及法律责任

分类	案由	法律依据《消防法》	处罚依据《消防法》	行政处理	行政处罚	后续处理
建筑工程程序类	未经消防设计审核擅自施工	第十二条	第五十八条第一款第一项		责令停止施工，并处30 000元以上300 000元以下罚款	
	消防设计审核不合格擅自施工	第十二条	第五十八条第一款第一项			
	消防设计抽查不合格不停止施工	第十二条	第五十八条第一款第二项			
	未经消防验收擅自投入使用	第十三条第二款	第五十八条第一款第二项		责令停止使用，并处30 000元以上300 000元以下罚款	
	消防验收不合格擅自投入使用	第十三条第二款	第五十八条第一款第三项			
	投入使用后抽查不合格不停止使用	第十三条第二款	第五十八条第一款第四项			
	未经消防安全检查擅自投入使用、营业	第十五条第二款	第五十八条第一款第五项		责令停止使用或者停产停业，	

续表

分类	案由	法律依据《消防法》	处罚依据《消防法》	行政处理	行政处罚	后续处理
建筑工程程序类	消防安全检查不合格擅自投入使用、营业	第十五条第二款	第五十八条第一款第五项		并处30 000元以上300 000元以下罚款	
	未进行消防设计备案	第十条	第五十八条第二款	责令限期改正	处5 000元以下罚款	备案期限届满之日内责令其停止施工，停止使用
建设工程质量类	违法要求降低消防技术标准设计、施工	第九条	第五十九条第一项	责令改正	责令停止施工，并处10 000	
	不按照消防技术强制性要求进行消防设计	第九条	第五十九条第二项	责令改正	工，并处10 000	

续表

分类	案由	法律依据《消防法》	处罚依据《消防法》	行政处理	行政处罚	后续处理
建设工程质量类	违法施工降低消防施工质量	第九条	第五十九条第三项	责令改正	元以上 100 000 元以下罚款	
	违法监理降低消防施工质量	第九条	第五十九条第四项	责令改正		
消防设施、器材、标识类	消防设施、器材、消防安全标识配置、设置不符合标准	第十六条第一款第二项	第六十条第一款第一项	责令改正	处 5 000 元以上 50 000 元以下罚款	
	消防设施、器材、消防安全标识未保持完好有效	第十六条第一款第二项	第六十条第一款第一项	责令改正		
	损坏、挪用消防设施、器材	第二十八条	第六十条第一款第二项	责令改正		
	擅自停用、拆除消防设施、器材	第二十八条	第六十条第一款第三项	责令改正	处 5 000 元以上 50 000 元以下罚款;个人违	
通道、出口、消火	占用、堵塞、封闭疏散通道、安全出口	第二十八条	第六十条第一款第三项	责令改正		

续表

分类	案由	法律依据《消防法》	处罚依据《消防法》	行政处理	行政处罚	后续处理
栓、分区、防火间距类	其他妨碍安全疏散行为	第二十八条	第六十条第一款第三项	责令改正	反前款第二、三、四、五项处警告或者500元以下罚款	
	埋压、圈占、遮挡消火栓	第二十八条	第六十条第一款第四项	责令改正		
	占用防火间距	第二十八条	第六十条第一款第四项	责令改正		
	占用、堵塞、封闭消防车通道	第二十八条	第六十条第一款第五项	责令改正		
	门窗设置影响逃生、灭火救援的障碍物	第二十八条	第六十条第一款第六项	责令改正	处5000元以上50000元以下罚款	强制执行
易燃易爆、三合一场所管理类	易燃易爆危险品场所与居住场所设置在同一建筑物内	第十九条第一款	第六十一条第一款		责令停产停业，并处5000	

续表

分类	案由	法律依据《消防法》	处罚依据《消防法》	行政处理	行政处罚	后续处理
易燃易爆、三合一场所管理类	易燃易爆危险品场所未与居住场所保持安全距离	第十九条第一款	第六十一条第一款		元以上 50 000 元以下罚款	
	其他场所与居住场所设置在同一建筑物内不符合消防技术标准	第十九条第二款	第六十一条第二款		元以下罚款	
违反社会管理类	违法生产、储存、运输、销售、使用、销毁易燃易爆危险品	第二十三条第一款	第六十二条第一项、《治安管理处罚法》第三十条			
	非法携带易燃易爆危险品	第二十三条第二款	第六十二条第二项、《治安管理处罚法》第三十条		处 10 日以上 15 日以下拘留；情节较轻的，处 5 日以上 10 日以下拘留	

续表

分类	案由	法律依据《消防法》	处罚依据《消防法》	行政处理	行政处罚	后续处理
	虚构事实、扰乱公共秩序（谎报火警）	第四十四条第一款	第六十二条第三项，《治安管理处罚法》第二十五条第一项		处5日以上10日以下拘留，可以并处500元以下罚款；情节较轻的，处5日以下拘留或者500元以下罚款	
违反社会管理类	阻碍特种车辆通行（消防车、消防艇）	第四十七条第一款	第六十二条第四项，《治安管理处罚法》第五十条第一款第三项		处警告或者200元以下罚款；情节严重的，处5日以上10日以下拘留，可以并处500元以下罚款	
	阻碍执行职务	第五十三条、第五十四条、第六十条第三款、第七十条第四款	第六十二项、第五项，《治安管理处罚法》第五十条第一款第二项			

续表

分类	案由	法律依据《消防法》	处罚依据《消防法》	行政处理	行政处罚	后续处理
	违反规定进入生产、储存易燃易爆危险品场所	第二十三条第二款	第六十三条第一项		处警告或者500元以下罚款;情节严重的,处5日以下拘留	
	违反规定使用明火作业	第二十一条第一款	第六十三条第二项			
	在具有火灾、爆炸危险的场所吸烟、使用明火	第二十一条第一款	第六十三条第二项			
违反社会管理类	指使、强令他人冒险作业	第二十一条第一款、第二十三条第二款	第六十四条第一项		处10日以上15日以下拘留,可以并处500元	
	过失引起火灾		第六十四条第二项			
	阻拦、不及时报告火警	第四十四条第一款	第六十四条第三项			

续表

分类	案由	法律依据《消防法》	处罚依据《消防法》	行政处理	行政处罚	后续处理
违反社会管理类	扰乱火灾现场秩序	第四十五条	第六十四条第四项		以下罚款；情节较轻的，处警告或者 500 元以下罚款	
	拒不执行火灾现场指挥员指挥	第四十五条	第六十四条第四项			
	故意破坏、伪造火灾现场	第五十一条第二款	第六十四条第五项			
	擅自拆封、使用被查封场所、部位	第五十四条	第六十四条第六项			
消防产品、电气、燃气用具类	人员密集场所使用不合格、国家明令淘汰的消防产品逾期未改	第二十四条第一款	第六十五条第二款	责令限期改正	处 5 000 元以上 50 000 元以下罚款，并对其直接负责的主管人员和其他直接责任人员处 500 元以上 2 000 元	
	电器产品的安装、使用不符合规定	第二十七条第二款	第六十六条	责令限期改正		

续表

分类	案由	法律依据《消防法》	处罚依据《消防法》	行政处理	行政处罚	后续处理
消防产品、电气、燃气用具类	燃气用具的安装、使用不符合规定	第二十七条第二款	第六十六条	责令限期改正	以下罚款；情节严重的，责令停产停业，可以并处使用，可以并处1 000元以上5 000元以下罚款	
	电器线路的设计、敷设、维护保养、检测不符合规定	第二十七条第二款	第六十六条	责令限期改正		
	燃气管路的设计、敷设、维护保养、检测不符合规定	第二十七条第二款	第六十六条	责令限期改正		
制度和责任制类	不及时消除火灾隐患	第十六条第一款第五项	第六十条第一款第七项	责令改正	处5 000元以上50 000元以下罚款	

续表

分类	案由	法律依据《消防法》	处罚依据《消防法》	行政处理	行政处罚	后续处理
制度和责任制类	不履行消防安全职责逾期未改	第十六条、第十七条、第十八条、第二十一条第二款	第六十七条	责令限期改正	对其直接负责的主管人员和其他直接责任人员依法给予处分或警告	
	不履行组织、引导在场人员疏散义务	第四十四条第二款	第六十八条		处 5 日以上 10 日以下拘留	
中介管理类	消防技术服务机构出具虚假文件	第三十四条	第六十九条第一款	责令改正		

（五）消防安全标识

1. 消防安全标识的概念

用来向公众表明火灾疏散途径、火灾报警和手动控制装置的位置、灭火器的位置、具有火灾或爆炸危险的地方或物资等信息。

2. 消防安全标识的作用

消防安全标识有维护消防设施不受损坏、确保疏散通道的通畅、发生火灾时指示人们及时报警、及时而方便地找到消防设备以扑灭火灾和自救、有效地指示疏散途径以减少生命和财产损失的作用。

3. 消防安全标识的构成

消防安全标识由几何形状、安全色、对比色、图形符号色等构成，具体见表 2。

（1）安全色，是传达安全信息含义的颜色，包括红、黄、蓝、绿 4 种颜色。

①红色：传递禁止、停止、危险、消防设备信息，对比色是白色。

②蓝色：传递必须遵守的指令性信息，对比色是白色。

③黄色：传递注意、警告信息，对比色是黑色。

④绿色：传递安全的提示性信息，对比色是白色。

（2）对比色，是使安全色更加醒目的反衬色，包括黑、白两种颜色。

表2 消防安全标识

消防安全标识	几何形状	安全色	安全色的对比色	图形符号色	含义
	正方形	红色	白色	白色	标识消防设施（如火灾报警设置和灭火设备）
	正方形	绿色	白色	白色	提示安全状况（如紧急疏散逃生）
	带斜杠的圆形	红色	白色	黑色	表示禁止
	等边三角形	黄色	黑色	黑色	表示警告

4. 消防安全标识的功能分类

（1）火灾报警装置标识，具体内容见表3。

表3　　　　　　　　　　火灾报警装置标识

标识的名称	标识的图形	使用范围/场所	设置方式/位置
发声警报器		火灾报警器附近	采用粘贴方式固定在报警器的旁边
火警电话		火灾报警电话附近	采用粘贴方式固定在火灾报警电话旁或附近，当设置在电话附近时，应带辅助指向箭头，并保持箭头指向和实际位置方向一致
消防手动启动器		手动火灾报警按钮、固定灭火系统手动启动器附近	采用粘贴方式固定在启动按钮旁边或附近时，应带辅助指向箭头，并保持箭头指向和实际位置方向一致

（2）紧急疏散逃生标识，具体内容见表4。

表4 紧急疏散逃生标识

标识的名称	标识的图形	使用范围/场所	设置方式/位置
安全出口		人员密集场所的安全出口、疏散通道中的门或疏散出口	采用钉挂或粘贴方式固定在疏散通道的两侧及拐弯处的墙面上，标识牌的上边缘距离地面不大于1 m并间距不大于20 m，袋形走道的尽头离标识的距离不大于10 m；采用该方式设置时，一般设置在房间门的对侧（通道单侧有门）或通道两侧
滑动开门			

（3）灭火设备标识，具体内容见表5。

表5 灭火设备标识

标识的名称	标识的图形	使用范围/场所	设置方式/位置
地上消火栓		地上消火栓设置地点或附近	采用粘贴、钉挂或专用标识杆方式固定在地上消火栓旁边或附近，注意箭头指向和实际位置方向一致

续表

标识的名称	标识的图形	使用范围/场所	设置方式/位置
灭火器		灭火器设置地点	采用粘贴方式固定在灭火器设置地点的正上方墙面、柱面上
消防水带		消防水带设置地点或附近	采用粘贴方式固定在消防水带箱（消火栓箱）门面上，或采用粘贴或钉挂方式固定在消火栓箱附近
消防水泵接合器		消防水泵接合器设置地点或附近	采用粘贴、钉挂或专用标识杆方式固定在消防水泵接合器的旁边或附近，注意箭头指向和实际位置方向一致
消防水池		地面消防水池	采用粘贴、钉挂或专用标识杆方式固定在地面消防水池的醒目位置，要标明容积、取水口和管理责任人

续表

标识的名称	标识的图形	使用范围/场所	设置方式/位置
屋顶水箱		屋顶消防水箱	采用粘贴方式固定在消防水箱的醒目位置，要标明容积、取水口和管理责任人

（4）禁止和警告标识，具体内容见表6。

表6 禁止和警告标识

标识的名称	标识的图形	使用范围/场所	设置方式/位置
禁止燃放烟花爆竹		库区周围 100 m 范围内	采用粘贴或钉挂方式固定在库区周围 100 m 范围内的醒目位置
当心易燃物		易燃、可燃场所内	采用粘贴或钉挂方式固定在场所内
禁止堆放		1. 消防通道、疏散通道的醒目位置 2. 消防设施、设备和消防器材的前方 3. 配电箱、柜板的前方	采用粘贴或钉挂方式固定

续表

标识的名称	标识的图形	使用范围/场所	设置方式/位置
禁止锁闭		安全出口和疏散通道的门面上	采用粘贴方式固定

（5）方向辅助标识，具体内容见表7。

表7　　　　　　　方向辅助标识

标识的名称	标识的图形	使用范围/场所	设置方式/位置
推开门		安全出口或疏散通道中的单向门	1. 采用粘贴方式固定在安全出口或疏散通道中的单向门门面上 2. "推"和"拉"成对设置在门两面的对应位置，方向要与门的开启方向一致 3. 设置高度：中心点距离地面 1.3～1.5 m
拉开门			

（六）消防安全组织

《消防法》和《机关、团体、企业、事业单位消防安全管理规定》（中华人民共和国公安部令第 61 号）规定了机关、团体、企业、事业单位等应当设立消防安全组织。消防安全组织是指为了实现单位消防安全环境设立的机构或部门，是单位内部消防管理的组织形式，是负责本单位防火灭火的工作网络。建立消防安全组织对于牢固树立单位消防工作的主体意识和责任意识，对单位消防安全管理具有十分重要的意义。

1. 消防安全组织构成

消防安全组织由消防安全委员会或消防工作领导小组、消防安全归口管理部门和其他部门构成。多产权单位或大型的企业应成立消防安全委员会。成立消防安全组织的目的是：贯彻"预防为主、防消结合"的消防工作方针，制定科学合理的、行之有效的各种消防安全管理制度和措施，落实消防安全自我管理、自我检查、自我整改、自我负责的机制，做好火灾事故和风险的防范，确保本单位消防安全。

2. 消防安全组织职责

（1）消防安全委员会或消防工作领导小组职责。消防安全委员会或消防工作领导小组，由主要领导（一般为单位的消防安全责任人）牵头负责，由消防归口管理部门和其他部门的主要负责人组成，并履行下列职责：

①认真贯彻执行《消防法》和国家、行业、地方政府等有关消防管理的行政法规、技术规范。

②起草下发本单位有关消防文件，制定有关消防规定、制度，

组织、策划重大消防活动。

③督促、指导消防归口管理部门和其他部门加强消防基础档案材料和消防设施建设，落实逐级防火责任制，推动消防管理科学化、技术化、法制化、规范化。

④组织对本单位专（兼）职消防管理人员的业务培训，指导、鼓励本单位职工积极参加消防活动，推动开展消防知识、技能培训。

⑤组织防火检查和重点时期的抽查工作。

⑥组织对重大火灾隐患的认定和整改工作。

⑦负责组织重点部位消防应急预案的制订、演练、完善工作，依工作实际，统一有关消防工作标准。

⑧支持、配合公安机关消防机构的日常消防管理监督工作，协助火灾事故的调查、处理及公安机关消防机构交办的其他工作。

（2）消防安全归口管理部门职责。单位应结合自身特点和工作实际需要，设置或确定消防工作的归口管理职能部门。消防安全归口管理部门具有下列职责：

①按照公安机关消防机构布置的工作，结合单位实际情况，研究和制订计划并贯彻实施。定期或不定期向单位主管领导、领导小组及公安机关消防机构汇报工作情况。

②负责处理单位消防安全委员会、消防工作领导小组和主管领导交办的日常工作。发现违反消防规定的行为，及时提出纠正意见。如未采纳，可向单位消防安全委员会、消防工作领导小组或当地公安机关消防机构报告。

③推行逐级防火责任制和岗位防火责任制，贯彻执行国家消防法规和单位的各项规章制度。

④进行经常性的消防教育，普及消防常识，组织和训练专职（志愿）消防队。

⑤经常深入单位内部进行防火检查，协助各部门搞好火灾隐患整改工作。

⑥负责消防器材分布管理、检查、保管、维修及使用。

⑦协助领导和有关部门处理单位系统发生的火灾事故，详细登记每起火灾事故，定期分析单位消防工作形势。

⑧严格用火、用电管理，执行审批动火申请制度，安排专人现场进行监督和指导，跟班作业。

⑨建立健全消防档案。

⑩积极参加消防部门组织的各项安全工作会议，并做好记录，会后向单位消防安全责任人、管理人汇报有关情况。

（3）其他部门消防安全职责。其他部门应按照分工，建立和完善本部门消防管理规章、程序、方法和措施，负责部门内部日常消防安全管理，形成自上而下的一级抓一级、一级对一级负责的消防管理体系。

①下级部门对上级部门负责，上级部门要与直属下级部门按照职责签订"消防安全责任书"和"消防安全管理承诺书"。

②明确本部门及所有岗位人员的消防工作职责，真正承担起与部门、岗位相适应的消防安全责任，做到分工合理、责任分明、各司其职、各尽其责。

③应当配合消防安全管理归口部门、专（兼）职消防人员实施本部门职责范围内的每日防火巡查、每月防火检查等消防安全工作，并在相关的检查记录上签字，及时落实火灾隐患整改措施、防范措施等。

④应指定责任心强、工作能力强的人员担任本部门的消防安全工作人员，负责保管和检查属于本部门管辖范围内的各种消防设施。发生故障后，及时向本部门消防安全责任人和消防安全归口管理部门汇报，协调解决相关事宜。

⑤负责监督、检查和落实与本部门工作有关的消防安全制度的执行和落实。

⑥积极组织本部门职工参加消防知识教育和灭火应急疏散演练，提高消防安全意识。

⑦在发生火灾或其他突发情况时，按照灭火应急疏散预案所做的规定和分工履行职责。

第二部分

火灾预防与扑救

一、火灾预防基本原理及措施

（一）火灾预防基本原理

1. 控制可燃物

可燃物是燃烧过程的物质基础，所以使用可燃物质时要谨慎小心。在选材时，尽量用难燃或不燃的材料代替可燃材料，如用水泥代替木材、用防火漆浸涂可燃物以提高耐火性能。对于具有火灾、爆炸危险性的厂房，采用抽风或通风的方式降低可燃气体、蒸气和粉尘在空气中的浓度。凡是能发生相互作用的物品，要分开存放。

2. 控制和消除点火源

在人们生产、生活中，可燃物和空气是客观存在的，绝大多数可燃物即使暴露在空气中，若没有点火源作用，也是不能着火（爆炸）的。从这个意义上说，控制和消除点火源是防止火灾的关键。

3. 控制生产中的工艺参数

工业生产特别是化工生产中，正确控制各种工艺参数是防止火灾爆炸的根本手段。实际工作中，可采取以下方式控制工艺参数：

严格控制温度、正确选用传热介质、设置灵敏好用的控温仪表、不间断地冷却和搅拌。

4. 防止火势扩散蔓延

一旦发生火灾，应千方百计地迅速将火灾或爆炸限制在较小的范围内，阻止新的燃烧条件形成，防止造成火势蔓延扩大。可采取下列措施：在建筑物内设置防火防烟分区，建筑间筑防火墙、留防火间距，装置一定的火灾自动报警、自动灭火设备或固定、半固定的灭火设施，以便及时发现和扑救初起火灾。

5. 控制助燃物

控制助燃物应根据不同情况采取不同措施，主要方式为隔绝空气。对于易燃易爆物质，生产应在密闭设备中进行；对于遇空气能自燃和火灾危险性大的物质，可以采取隔绝空气储存的方式，如钠（Na）存放于煤油中、黄磷（P）存放于水中、二硫化碳（CS_2）用水封闭存放等。

（二）火灾预防管理措施

1. 建立健全消防管理制度、设备器材的保养制度。

2. 强化工作人员消防意识，建立消防人员编制。

3. 经常开展防火宣传教育工作，发挥群防群治的作用。

4. 加强对每个部门的防火管理，消除火灾隐患，落实岗位防火责任。

5. 制定明确的防火责任制度、防火岗位责任制度、消防管理制度和安全防火操作规程。

6. 及时、按时对各类消防设施、设备和器材进行维护、保养。

7. 加强重点区域防火检查，预防重大火灾，减少发生火灾的危险性，避免损失。

8. 定期开展消防培训和消防演习工作，加强消防技能训练，加强义务消防员处置突发事件的能力和对火灾造成危害的认识性。

（三）火灾预防技术措施

1. 常用建筑消防技术要求

依据国家和地方的消防技术标准、规范和其他有关标准、规范，针对建筑的使用性质和火灾防控特点，从消防安全角度进行综合、系统的设计。防火的技术措施主要有：

（1）总平面布置要根据建筑物周围环境、地势条件、主导风向等方面综合考虑，合理选择建筑物位置，合理确定各类建（构）筑物防火安全距离，考虑扑救火灾时所必需的消防车通道、消防水源和消防扑救面。

（2）在建筑防火设计中，正确确定建筑的耐火等级是防止建筑火灾发生和阻止火势蔓延扩大的一项治本措施。耐火等级应根据建筑物的使用性质、规模及其在使用中的火灾危险性来确定。

（3）建筑材料防火，就是根据国家的消防技术标准、规范，针对建筑的使用性质和不同部位，合理地选用建筑的防火材料，从而保护火灾中的受困人员免受或少受高温有毒烟气侵害，争取更多可用疏散时间。

（4）在建筑内实行防火分区和防火分隔，可有效地控制火势的蔓延，既利于人员疏散和扑火救灾，也能达到减少火灾损失的目的。

（5）安全疏散技术，其目标就是要保证建筑内人员疏散完毕的时间必须小于火灾发展到危险状态的时间。建筑安全疏散技术的重

点是：安全出口、疏散出口、安全疏散通道的数量、宽度、位置和疏散距离。

（6）火灾时合理地排烟排热，对防止建筑物火灾的轰燃、保护建筑也是十分有效的一种技术措施。防排烟系统可分为排烟系统和防烟系统。排烟系统是指采用机械排烟方式或自然通风方式，将烟气排至建筑外，控制建筑内的有烟区域保持一定能见度的系统。防烟系统是指采用机械加压送风方式或自然通风方式，防止烟气进入疏散通道、防烟楼梯间及其前室或消防电梯前室的系统。防烟、排烟是烟气控制的两个方面，是一个有机的整体，在建筑防火设计中，应合理设计防烟、排烟系统。

（7）对有爆炸可能的建筑提出相应的防止爆炸危险区域，合理设计防爆结构和泄爆面积，准确选用防爆设备。对建筑的用电负荷、供配电源、电气设备、电气线路及其安装敷设等，应当采取安全可靠、经济合理的防火技术措施。

2. 常用建筑消防设施

现代建筑消防设施种类多、功能全，使用普遍。按其使用功能不同划分，常用的建筑消防设施有 7 类：

（1）消防给水设施。消防给水设施是建筑消防给水系统的重要组成部分，其主要功能是为建筑消防给水系统储存并提供足够的消防水量和水压，确保消防给水系统供水安全。消防给水设施通常包括消防供水管道、消防水池、消防水箱、消防水泵、消防稳（增）压设备、消防水泵接合器等。

（2）消防供配电设施。消防供配电设施是建筑电力系统的重要组成部分，主要包括消防电源、消防配电装置、线路等。消防配电装置是从消防电源到消防用电设备的中间环节。

（3）火灾自动报警系统。火灾自动报警系统由火灾探测触发装置、火灾报警装置及具有其他辅助功能的装置组成，能在火灾初起，将燃烧产生的烟雾、热量、火焰等的物理量通过火灾探测器变成电信号，传输到火灾报警控制器，并同时显示出火灾发生的部位、时间等，使人们能够及时发现火灾，并及时采取有效措施。火灾自动报警系统按应用范围可分为区域报警系统、集中报警系统、控制中心报警系统 3 类。

（4）自动喷水灭火系统。自动喷水灭火系统是由洒水喷头、报警阀组、水流报警装置（水流指示器、压力开关）等组件以及管道、供水设施组成，能在火灾发生时响应并实施喷水的自动灭火系统。自动喷水灭火系统依照采用的喷头分为两类：采用闭式洒水喷头的为闭式系统，包括湿式系统、干式系统、预作用系统、简易自动喷水系统等；采用开式洒水喷头的为开式系统，包括雨淋系统、水幕系统等。

（5）水喷雾灭火系统。水喷雾灭火系统是利用专门设计的水雾喷头，在水雾喷头的工作压力下将水流分解成粒径不超过 1 mm 的细小水滴进行灭火或防护冷却的一种固定灭火系统。其主要灭火机理为表面冷却、窒息、乳化和稀释作用，具有较高的电绝缘性能和良好的灭火性能。该系统按启动方式，可分为电动启动和传动管启动两种类型；按应用方式，可分为固定式水喷雾灭火系统、自动喷水-水喷雾混合配置系统、泡沫-水喷雾联用系统 3 种类型。

（6）细水雾灭火系统。细水雾灭火系统是由供水装置、过滤装置、控制阀、细水雾喷头等组件和供水管道组成，能自动和人工启动并喷放细水雾进行灭火或控火的固定灭火系统。该系统的灭火机理主要是表面冷却、窒息、辐射热阻隔、浸湿及乳化作用，在灭火

过程中，几种作用往往同时发生，从而有效灭火。系统按工作压力，可分为低压系统、中压系统和高压系统；按应用方式，可分为全淹没系统和局部应用系统；按动作方式，可分为开式系统和闭式系统；按雾化介质，可分为单流体系统和双流体系统；按供水方式，可分为泵组式系统、瓶组式系统、瓶组与泵组结合式系统。

（7）泡沫灭火系统。泡沫灭火系统由消防泵、泡沫储罐、比例混合器、泡沫产生装置、阀门及管道、电气控制装置组成。泡沫灭火系统按泡沫液的发泡倍数的不同，分为低倍数泡沫灭火系统、中倍数泡沫灭火系统及高倍数泡沫灭火系统；按设备安装使用方式，可分为固定式泡沫灭火系统、半固定式泡沫灭火系统和移动式泡沫灭火系统。

二、常见危险引火源的控制措施

（一）明火

1. 概念

生产过程中的明火主要是指加热用火、维修用火及其他火源。此外，烟头、火柴、烟囱飞火、机动车辆排气管喷火都可能引起可燃物料的燃爆。常见的明火有：火柴火焰、打火机火焰、蜡烛火焰、煤炉火焰、液化石油气灶具火焰、工业蒸汽锅炉火焰、酒精喷灯火焰、气焊气割火焰等。

2. 明火的控制措施

（1）《消防法》第二十一条规定："禁止在具有火灾、爆炸危险的场所吸烟、使用明火。因施工等特殊情况需要使用明火作业的，应当按照规定事先办理审批手续，采取相应的消防安全措施；作业人员应当遵守消防安全规定。

"进行电焊、气焊等具有火灾危险作业的人员和自动消防系统的操作人员，必须持证上岗，并遵守消防安全操作规程。"

消防安全知识学习手册
XIAOFANG ANQUAN ZHISHI XUEXI SHOUCE

（2）在控制加热可燃物时，应避免采用明火，宜使用水蒸气、热水或其他热载体（导热油、联苯醚等）间接加热。如果必须采用明火加热，加热设备应当严格密闭，燃烧室应当与加热设备分开。加热设备应定期检修，特别注意防止可燃物的泄漏。

（3）生产装置中明火加热设备的布置，应当按照规定，与可能产生可燃气体（蒸气、粉尘）的工艺设备和罐区保持足够的安全距离，并应布置在容易散发可燃物料的设备、系统的上风向或侧风向；两个以上的明火加热装置应当集中布置在生产装置的边缘，并与其他设备保持安全距离。

（4）维修用火主要指焊接、切割、喷灯等作业时的用火。在工矿企业，特别是石油化工企业中，因维修用火引发的火灾爆炸事故较多，因此一般都针对维修用火制定了严格的管理规定，必须严格遵守。

（5）对于其他明火熬炼设备（如沥青熬炼设备），要经常检查，防止烟道蹿火和熬锅破漏。要适当选择熬炼地点，并指定专人看管，严格控制加热温度。烟囱飞火，汽车、拖拉机、柴油机等的排气管喷出的火星，都可能引起可燃气体爆燃，需要采取相应的防范措施。

（二）静电

1. 概念

静电指的是相对静止的电荷，是一种常见的带电现象。在一定条件下，两种不同物质（其中至少有1种为电介质）相互接触、摩擦，就可能产生静电，并积聚起来产生高电压。若静电能量以火花形式发出，则可能成为火源，引起爆炸。

2. 静电的控制措施

（1）控制静电场所的爆炸性危险物。主要是不让爆炸性危险混合物在静电危险场所出现，一般采用不燃材料取代可燃材料，降低爆炸性物质在空气中的浓度，不使可燃物形成爆炸性混合物。

（2）减少工艺过程中的静电起电能力，控制工艺过程中的起电电量和起电能量，使其达不到危险静电电量和危险放电能量的水平。为此，在火灾或爆炸危险场所，禁止使用高绝缘材料的物料和装置，限制可燃液体流速，限制可燃气体排放速度等。

（3）接地。对金属而言，使用静电接地是导走静电的最好方法。一般来说，静电产生的速度很低，大约 $4\sim10$ A/s，如果接地电阻选择在 106 Ω，就完全不会累积起事故电量。

（4）增湿。增湿就是增加空气中的相对湿度。绝缘材料增湿后，表面形成一层膜，增加静电的释放通道。增湿对吸湿性材料是一种非常有效的防静电措施。

（5）采用抗静电添加剂。抗静电添加剂是一种表面活性剂，可增加绝缘材料的亲水性和导电性，从而使绝缘破坏，以达到消除静电的目的。

（6）人体静电的防护。人体不仅是一个小型的静电发生器，同时也可以成为引燃源。人体静电最有效的消除方法是采用系统接地，如穿导电工作鞋、防静电工作服、导电手套，地面采用导电地面等。在非常危险的作业场所，还应使用导电手镯或脚镯使人体直接接地。

（7）加强管理。加强员工的安全教育，提高员工的安全意识，使其严格遵守操作规程。注意人体静电的防护，在容易产生静电的场所，不将易燃、易爆危险品带入。

（三）电气

1. 概念

电气引起的火灾，一般是指电气线路、用电设备、器具以及供配电设备因出现故障性释放而产生的热能（如高温、电弧、电火花），以及非故障性释放的能量（如电热器具的炽热表面在具备燃烧条件下引燃本体或其他可燃物）而造成的火灾。

2. 电气火灾的预防措施

（1）对用电线路进行巡视，以便及时发现问题。

（2）在设计和安装电气线路时，导线和电缆的绝缘强度不应低于线路的额定电压，绝缘子也要根据电源的不同电压进行选配。

（3）安装线路和施工过程中，要防止划伤、磨损、碰压导线绝缘，并注意导线连接接头质量及绝缘包扎质量。

（4）在特别潮湿、高温或有腐蚀性物质的场所内，严禁绝缘导线明敷，应采用套管布线；在多尘场所，线路和绝缘子要经常打扫，勿积油污。

（5）严禁乱接乱拉导线，安装线路时，要根据用电设备负荷情况合理选用相应截面的导线。导线与导线之间、导线与建筑构件之间、固定导线用的绝缘子之间，应保留符合规程要求的间距。

（6）定期检查线路熔断器，选用合适的保险丝，不得随意调粗保险丝，更不准用铝线、铜线等代替保险丝。

（7）检查线路上所有连接点是否牢固可靠，附近不得存放易燃、可燃物品。

3. 电气的控制措施

（1）限制和防止静电的产生：采用导电材料；减少摩擦阻力；

限制产生静电的烃类油料等在管道中的最大流速。

（2）接地和屏蔽：所有易燃物的储池、储罐、输送设备、封闭的运输装置、排注设备、混合器、过滤器、干燥器、升华器、吸附器必须接地；厂区的所有可能产生静电的管道必须连成一个连续的整体，并予以接地；油槽车应连金属链条，并与大地相接触，卸油时应接地；注油漏斗、工作台、磅秤、金属检尺等辅助设备和工具均应接地；可能产生静电的固体和粉体加工设备均应接地。

（3）人体防静电主要是防止带电体向人体放电或人体带静电造成危害。人体防静电，既可利用接地、穿防静电鞋、穿防静电工作服等具体措施（不得穿用化纤衣物，穿着以棉制品为好）减少静电在人体的积累，又要加强规章制度和安全技术教育，保证防静电安全操作。

（四）高温表面

1. 几种常见的高温表面

（1）生产工艺的加热装置。高温物料的传送管线、高压蒸汽管线及高温反应塔（器）等设备表面温度都比较高，可燃物料与这些高温表面接触时间过长，就有可能引发爆炸事故。

（2）日光照射。直射的太阳光通过凸透镜、凹面镜、圆形玻璃瓶、有气泡的平板玻璃等，会聚焦形成高温焦点，可能点燃可燃物质。

（3）铁皮烟囱。一般烧煤的炉灶烟囱表面温度在靠近炉灶处可超过 $500℃$，在烟囱垂直伸到平房屋顶处，烟囱表面温度往往也能达到 $200℃$。因此，应避免烟囱靠近可燃物，烟囱通过可燃材料时应用耐火材料隔离。

（4）发动机排气管。汽车、拖拉机、柴油发电机等运输或动力工具的发动机是一个温度很高的热源。发动机燃烧室内的温度一般可达2 000℃，排气管的温度随管的延长逐渐降低，排气口处温度一般还可能高达150～200℃。因此，在汽车进入棉、麻、纸张、粉尘等易燃物品储存场所时，应保证路面清洁，防止排气管高温表面点燃易燃物品。

（5）无焰燃烧的火星。煤炉烟囱、蒸汽机车烟囱、船舶烟囱、汽车和拖拉机排气管飞出的火星是各种燃料在燃烧过程中产生的微小碳粒及其他复杂的碳化物等。这些火星一般处于无焰燃烧状态，温度可达350℃，若与易燃的棉、麻、纸张及可燃气体、蒸气、粉尘等接触，便有将其点燃的危险。因此，规定汽车进入火灾爆炸危险场所时，排气管上应安装火星熄灭器（俗称防火帽），蒸汽机车进入火灾爆炸危险场所时，烟囱上应安装双层钢丝网、蒸汽喷管等火星熄灭装置。在码头及车站货场上装卸易燃物品时，应注意严防来往船舶和机车烟囱飞出的火星点燃易燃物品。蒸汽机车进入货场时应停止清灰，防止炉渣飞散到易燃物品附近而造成火灾。

（6）烟头。无焰燃烧的烟头是一种常见的引火源。烟头中心部温度约700℃，表面温度在200～300℃。烟头一般能点燃沉积状态的可燃粉尘、纸张、可燃纤维、二硫化碳蒸气、乙醚蒸气等。因此，在储运或加工易燃物品的场所，应采取有效的管理措施，设置"禁止吸烟"安全标识，严防有人吸烟、乱扔烟头。

（7）焊割作业金属熔渣。电焊的种类很多，目前运用最广的是电弧焊接。电弧焊接是把焊条作为电路的一个电极，焊件为另一电极，利用接触电阻的原理产生高温，并在两电极间形成电弧，将金属熔化进行焊接。其他的种类还有电阻焊接、高能束焊等。电焊时，电弧温度可达 3 000～6 000℃，并有大量火花喷出，极易引起可燃物着火。焊件由于电焊，温度也很高，所以存在着很大的火灾危险性。

电焊场所的防火巡查要点：

①电焊设备是否保持良好状态。电焊机和电源线的绝缘要可靠，焊接导线应采用紫铜芯线，并要有足够的截面，以保证在使用过程中不因过载而损坏绝缘。导线有残破时，应及时更换或处理。

②电焊施工现场是否配置灭火器以及相应的消防安全防护措施，是否有专人监护，操作现场是否清理无关人员，是否有吸烟现象，是否采取防止电焊电弧或熔融物滴落点燃可燃物的分隔措施。

③电焊工是否持证上岗，是否事先办理相关审批手续。

（8）照明灯。白炽灯泡表面温度与功率有关，60 W 灯泡表面温度可达 137～180℃，100 W 灯泡表面温度可达 170～216℃，200 W 灯泡表面温度可达 154～296℃，1 000 W 的碘钨灯的石英玻璃管表面温度可高达 500～800℃，400 W 的高压汞灯玻璃壳表面温度可达 180～250℃。易燃物品与照明灯接触便有被点燃的危险，因此，在有易燃物品的场所，照明灯下方不应堆放易燃物品；在散发可燃气体和可燃蒸气的场所，应选用防爆照明灯具。

（9）其他高温物体。电炉的电阻丝在通电时呈炽热状态，能点燃任何可燃物。火炉、火炕、火墙等表面，在长时间加热温度较高时，能点燃与之接触的织物、纸张等可燃物。工业锅炉、干燥装置、高温容器的表面若堆放或散落易燃物，如浸油脂废布、衣物、包装袋、废纸等，在长时间蓄热条件下，都有被点燃的危险。危险化学品仓库内存放的二硫化碳、黄磷等自燃点较低的物品，一旦泄漏，接触到暖气片（温度 100℃左右）也会被立即点燃。因此，在

储运或生产加工过程中，应针对高温物体采取相应的控制措施，如使高温物体与可燃物保持一定安全距离、用隔热材料遮挡等。

2. 高温表面的控制措施

（1）高温表面要有隔热保温措施。

（2）要防止易燃物料与高温的设备、管道表面接触，尤其需要注意自燃点较低的物料。

（3）不能在高温管道和设备上烘烤可燃物品。

（4）经常清除高温表面上的污垢和物料，防止因高温而引起污垢和物料的自燃分解。

（5）可燃物的排放口应远离高温表面。

（五）摩擦、撞击

1. 概念

摩擦、撞击产生火花，如机器上转动部分的摩擦、铁器的互相撞击、铁制工具打击混凝土地面、带压管道或铁制容器的开裂等，都可能产生高温或火花，成为爆炸的起因。

2. 摩擦、撞击的控制措施

撞击和摩擦发出的火花，如火镰引火、打火机（火石型）点火，通常能点燃沉积的可燃粉尘、棉花等松散的易燃物质，以及易燃的气体、蒸气、粉尘与空气的爆炸性混合物。实际中也有许多撞击和摩擦火花引起火灾的案例，如铁器互相撞击点燃棉花、乙炔气体等。因此，在易燃易爆场所，不能使用铁制工具，而应使用铜制或木制工具；不应穿带钉的鞋，地面应为不发火花地面等。

三、常见可燃物的控制措施

凡是能与空气中的氧或其他氧化剂起化学反应的物质，均称为可燃物，如木材、氢气、汽油、煤炭、纸张、硫等。可燃物按其化学组成，分为无机可燃物和有机可燃物两大类；按其所处的状态，又可分为固体可燃物、液体可燃物和气体可燃物三大类。

（一）固体可燃物的控制措施

1. 固体燃烧的特点

固体可燃物由于其分子结构的复杂性、物理性质的不同，其燃烧方式也不相同，主要有下列 4 种：

（1）蒸发燃烧。可熔化的可燃性固体受热升华或熔化后蒸发，产生可燃气体进而发生的有焰燃烧，称为蒸发燃烧。发生蒸发燃烧的固体在燃烧前受热只发生相变，而成分不发生变化。一旦火焰稳定下来，火焰传热给蒸发表面，促使固体不断蒸发或升华燃烧，直至燃尽为止。分子晶体、挥发性金属晶体和有些低熔点的无定形固体，如石蜡、松香、硫、钾、磷、沥青和热塑性高分子材料等，其燃烧均为蒸发燃烧。燃烧过程保持边熔化、边蒸发、边燃烧的形式，固体有蒸发面的部分都会有火焰出现，燃烧速度较快。钾、钠、镁等之所以称为挥发金属，是因为其燃烧属蒸发式燃烧，而生成的白色浓烟是挥发金属蒸发式燃烧的特征。

（2）分解燃烧。分子结构复杂的固体可燃物，在受热后分解出其组成成分及与加热温度相应的热分解产物，这些分解产物再氧化燃烧，称为分解燃烧，如木材、纸张、棉、麻、毛、丝、合成高分

子的热固性塑料、合成橡胶等的燃烧。成分复杂的固体有机物，受热不发生整体相变，而是分解释放出可燃气体，燃烧产生明亮的火焰，火焰的热量又促使固体未燃部分的分解和均相燃烧。当固体完全分解且析出可燃气体全部烧尽后，留下的碳质固体残渣才开始无火焰的表面燃烧。塑料、橡胶、化纤等高聚物，是由许多重复的较小结构单位（链节）所组成的大分子。绝大多数高分子材料都是易燃的，而且大部分发生分解燃烧，燃烧放出的热量很大。一般来说，高聚物的燃烧过程包括受热软化熔融、解聚分解、氧化燃烧。分解产物因分解时的温度、氧浓度及高聚物本身的组成和结构不同而异。所有高聚物在分解过程中都会产生可燃气体，分解产生的较大分子会随燃烧温度的提高进一步蒸发热解或不完全燃烧。高聚物在火灾的高温下边熔化、边分解、边呈有焰均相燃烧，燃着的熔滴可把火焰从一个区域扩展到另一个区域，从而促使火势蔓延发展。

（3）表面燃烧。可燃物受热不发生热分解和相变，可燃物质在被加热的表面上吸附氧，从表面开始呈余烬的燃烧状态叫表面燃烧（也叫无火焰的非均相燃烧），如焦炭、木炭和不挥发金属等的燃烧。表面燃烧速度取决于氧气扩散到固体表面的速度，并受表面化学反应速度的影响。焦炭、木炭为多孔性结构的简单固体，即使在高温下也不会熔融、升华或分解产生可燃气体。氧扩散到固体物质的表面，被高温表面吸附，发生气固非均相燃烧，反应的产物从固体表面解析扩散，带着热量离开固体表面。整个燃烧过程中，固体表面呈高温炽热发光而无火焰，燃烧速度小于蒸发速度。铝、铁等不挥发金属的燃烧也为表面燃烧。不挥发金属的氧化物熔点低于该金属的沸点。燃烧的高温尚未达到金属沸点且无大量高热金属蒸气产生时，其表面的氧化物层已熔化退去，使金属直接与氧气接触，发生无火焰的表面燃烧。由于金属氧化物的熔化消耗了一部分热量，减缓了金属的氧化，致使燃烧速度不快，固体表面呈炽热发光。这类金属在粉末状、气溶胶状、刨花状时，燃烧进行得很激烈，且无烟生成。

（4）阴燃。阴燃是指物质无可见光地缓慢燃烧，通常产生烟和温度升高的现象。这种燃烧看不见火苗，可持续数天甚至数十天，不易发现。

2. 固体燃烧的控制措施

（1）原理。固体火灾灭火原理主要是冷却、覆盖、窒息和化学抑制 4 个方面。

（2）不同灭火剂的作用原理及效果。扑救固体火灾使用的常见灭火剂除水外，主要有水系灭火剂、泡沫灭火剂、A 类泡沫灭火剂及 ABC 干粉灭火剂。除 ABC 干粉灭火剂外，其他几种灭火剂一般都加入了表面活性剂等添加剂，以较低的比例与水形成混合物后，与水一起可统称为流体灭火剂，但起灭火作用的主要是水。

①水是扑救固体火灾最理想的一种灭火剂吗？实际上，所有能扑救固体火灾的流体灭火剂中，都含有能提高水的铺展和浸润能力的表面活性剂，能够降低水与固体物之间的界面张力，有的还能在一定程度上降低重力的影响。而水不具备任何一个方面的能力。因此，普通水的控火和灭火效果在所有流体灭火剂中是最差的。

②泡沫灭火剂能大幅降低界面张力，并在一定程度上降低重力影响。泡沫灭火剂的出现主要是针对易燃可燃液体火灾的，含有表面活性剂和泡沫稳定剂。在扑救固体火灾时，泡沫灭火剂能显著降低水与固体之间的界面张力，而且由于泡沫流动性较水差，能在一定程度上克服重力影响，灭固体火灾的效果比水要强得多。泡沫稳

定性越好，流动性越差，灭火效果越好。但是，泡沫灭火剂虽然能在一定程度上克服界面张力的影响，但当被施加到燃烧物表面时，在重力作用下，泡沫中的水在固体表面上滞留的时间还是比较短，而且在固体表面，特别是在侧立面形成的水膜比较薄，在猛烈燃烧的大规模火场，水膜很容易被蒸发完全而失去作用，导致重新燃烧。

（二）液体可燃物的控制措施

1. 液体燃烧的特点

（1）易燃液体，是指闭杯试验闪点≤60℃的液体、液体混合物或含有固体混合物的液体，但不包括由于存在其他危险已列入其他类别管理的液体。易燃液体分为3级：

①初沸点≤35℃。

②闪点<23℃，且初沸点>35℃。

③23℃≤35℃且初沸点>35℃，35℃<60℃、初沸点>35℃且持续燃烧。

（2）易燃液体的火灾危险性包括6个方面：

①易燃性。液体的燃烧是通过其挥发出的蒸气与空气形成的可燃性混合物在一定的比例范围内遇明火源点燃而实现的，因此实质上是液体蒸气与氧化合的剧烈反应。易燃液体燃烧的难易程度即火灾危险的大小，主要取决于它们分子结构和分子量的大小。

②爆炸性。由于任何液体在任一温度下都能蒸发，因此当挥发出的易燃蒸气与空气混合达到爆炸浓度范围时，遇明火就发生爆炸。易燃液体的挥发性越强，这种爆炸危险就越大。不同液体的蒸发速度随其所处状态的不同而变化，影响其蒸发速度的因素有温

度、沸点、暴露面、相对密度、压力、流速等。

③受热膨胀性。易燃液体也有受热膨胀性，储存于密闭容器中的易燃液体受热后，本身体积膨胀的同时蒸气压力增加。若蒸气压力超过了容器所能承受的压力限度，就会造成容器膨胀，甚至爆裂。

④流动性。流动性是液体的通性，易燃液体的流动性增加了火灾危险性。如易燃液体渗漏，会很快向四周扩散，能扩大其表面积，加快挥发速度，提高空气中的蒸气浓度，易于起火蔓延。

⑤带电性。多数易燃液体在灌注、输送、喷流过程中能够产生静电，当静电荷聚集到一定程度，则放电发火，有引起着火或爆炸的危险。

⑥毒害性。易燃液体本身或其蒸气大都具有毒害性，有的还有刺激性和腐蚀性。

2. 液体燃烧的控制措施

（1）首先应切断火势蔓延的途径，冷却和疏散受火势威胁的密闭容器和可燃物，控制燃烧范围，并积极抢救受伤和被困人员。液体流淌时，应筑堤（或用围油栏）拦截漂散流淌的易燃液体或挖沟导流。

（2）及时了解和掌握着火液体的品名、相对密度、水溶性，以及有无毒害、腐蚀、沸溢、喷溅等危险性，以便采取相应的灭火和防护措施。

（3）较大的储罐中易燃易爆液体发生火灾时，应准确判断着火面积。大面积（大于 50 m²）液体火灾则必须根据其相对密度、水溶性和燃烧面积大小，选择正确的灭火剂扑救。比水密度小又不溶于水的液体（如汽油、苯等），用直流水、雾状水灭火往往无效，

可用普通蛋白泡沫或轻水泡沫扑灭。

（4）扑救毒害性、腐蚀性或燃烧产物毒害性较强的易燃液体火灾时，扑救人员必须佩戴防毒面具，采取防护措施。对特殊物品的火灾，应使用专用防护服。考虑到过滤式防毒面具防毒范围的局限性，在扑救毒害品火灾时，应尽量使用隔绝式空气面具。为了在火场上能正确使用和适应防毒面具，平时应进行严格的适应性训练。

（5）扑救原油和重油等具有沸溢和喷溅危险的液体火灾，必须注意计算可能发生沸溢、喷溅的时间和观察是否有沸溢、喷溅的征兆。现场指挥时一旦发现危险征兆，应迅速做出准确判断，及时下达撤退命令，避免造成人员伤亡和装备损失。扑救人员看到或听到统一撤退信号后，应立即撤至安全地带。

（6）遇易燃液体管道或储罐泄漏着火，在切断蔓延方向并把火势限制在上述范围内的同时，应设法找到输送管道并关闭进、出阀门。如果管道阀门已损坏或是储罐泄漏，应迅速准备好堵漏材料，然后先用泡沫、干粉、二氧化碳或雾状水等扑灭地上的流淌火焰，再扑灭泄漏口的火焰，并迅速采取堵漏措施。与气体堵漏不同的是，液体一次堵漏失败，可连续堵几次，只要用泡沫覆盖地面，并堵住流淌的液体和控制好周围着火源，不必点燃泄漏口的液体。

（三）气体可燃物的控制措施

1. 气体燃烧的特点

易燃气体根据爆炸的难易程度可分为两个级别。Ⅰ级：爆炸下限＜10％或爆炸极限范围大于等于 12 个百分点；Ⅱ级：10％≤爆炸下限<13%且爆炸极限范围小于 12 个百分点。

（1）易燃易爆性。气体通常比液体、固体易燃，且燃速快。由简单成分组成的气体，如氢气（H_2）、甲烷（CH_4）、一氧化碳（CO）等，比成分复杂的气体易燃，燃速快，火焰温度高，着火爆炸危险性大；价键不饱和的易燃气体比相对应价键饱和的易燃气体的火灾危险性大。这是因为不饱和气体的分子结构中有双键或三键存在，化学活性强，在通常条件下，即能与氯、氧等氧化性气体起反应而发生着火或爆炸，所以火灾危险性大。

（2）扩散性。处于气体状态的任何物质都没有固定的形状和体积，且能自发地充满任何容器。由于气体的分子间距大，相互作用力小，所以非常容易扩散。

（3）可缩性和膨胀性。任何物体都有热胀冷缩的性质，气体也不例外，其体积也会因温度的升降而胀缩，且胀缩的幅度比液体要大得多。

（4）带电性。氢气、乙烯、乙炔、天然气、液化石油气等从管口或破损处高速喷出时会产生静电。液化石油气喷出时，产生的静电电压可达 9 000 V，其放电火花足以引起燃烧。因此，压力容器内的可燃气体在容器、管道破损或放空速度过快时，都易因静电引起着火或爆炸事故。

（5）腐蚀性、毒害性。这里所说的腐蚀性，主要是指一些含氢、硫元素的气体具有腐蚀性。如硫化氢、硫氧化碳、氨、氢等，都能腐蚀设备，削弱设备的耐压强度，严重时可导致设备系统裂隙、漏气，引起火灾等事故。毒害性是指一氧化碳、硫化氢、二甲胺、氨、澳甲烷、二硼烷、二氯硅烷、锗烷、三氟氯乙烯等气体，除具有易燃易爆性外，还有相当的毒害性，因此，在处理或扑救此

类有毒气体火灾时，应特别注意防止中毒。

（6）易燃气雾剂。气雾剂是指可借助容器内压缩、液化或溶解的带压气体将容器中的液态、粉末状、糊状等状态的药剂、附加剂等以细雾状、粉末状、泡沫状、糊状等状态喷出的制剂。根据喷出状态不同，分为喷雾气雾剂和泡沫气雾剂，其中容易燃烧的即为易燃气雾剂。

2. 气体燃烧的控制措施

（1）扑救气体火灾切忌盲目扑灭火势，在没有采取堵漏措施的情况下，必须保持稳定燃烧。否则，大量可燃气体泄漏出来与空气混合，遇着火源就会发生爆炸，后果将不堪设想。

（2）首先应扑灭外围被火源引燃的可燃物火势，切断火势蔓延途径，控制燃烧范围，并积极抢救受伤和被困人员。

（3）如果火势中有压力容器或有受到火焰辐射热威胁的压力容器，能疏散的，应尽量在水枪的掩护下疏散到安全地带；不能疏散的，应部署足够的水枪进行冷却保护。为防止容器爆裂伤人，进行冷却的人员应尽量采用低姿射水或利用现场坚实的掩蔽体防护。对卧式储罐，冷却人员应选择储罐四侧角作为射水阵地。

（4）如果是输气管道泄漏着火，应设法找到气源阀门。阀门完好时，只要关闭气体的进出阀门，火势就会自动熄灭。

（5）储罐或管道泄漏关阀无效时，应根据火势判断气体压力和泄漏口的大小及形状，准备好相应的堵漏材料（如软木塞、橡皮塞、气囊塞、黏合剂、弯管工具等）。

（6）堵漏工作准备就绪后，即可用水扑救火势，也可用干粉、二氧化碳、卤代烷灭火，但仍需用水冷却烧烫的罐或管壁。火扑灭后，应立即用堵漏材料堵漏，同时用雾状水稀释和驱散泄漏出来的气体。如果确认泄漏口非常大，根本无法堵漏，只需冷却着火容器及其周围容器和可燃物品，控制着火范围，直到燃气燃尽，火势自动熄灭。

（7）一般情况下，完成了堵漏也就完成了灭火工作。但有时一次堵漏不一定能成功，如果一次堵漏失败，再次堵漏需一定时间，应立即用长点火棒将泄漏处点燃，使其恢复稳定燃烧，以防止较长时间泄漏出来的大量可燃气体与空气混合后形成爆炸性混合物，从而存在发生爆炸的危险，并准备再次灭火堵漏。

（8）现场指挥应密切注意各种危险征兆，遇有火势熄灭后较长时间未能恢复稳定燃烧或受热辐射的容器安全阀火焰变亮、耀眼、尖叫、晃动等爆裂征兆时，指挥员必须适时做出准确判断，及时下达撤退命令。现场人员看到或听到事先规定的撤退信号后，应迅速撤退至安全地带。

四、常见危险生产和生活场所防火防爆措施

（一）易燃、易爆品储存场所的防火防爆措施

1. 易燃、易爆品必须储存在专用仓库、专用场地，并设专人管理。

2. 仓库内应当配备消防力量和灭火设施，严禁在仓库内吸烟和使用明火。

3. 仓库要符合有关安全、防火、防爆规定，物品之间摆放位置和通道要符合有关规定要求，保证安全距离。

4. 遇火、遇潮容易燃烧、爆炸的物品，不得在露天、潮湿、

漏雨和低洼容易积水的地点存放。

5. 受阳光照射容易燃烧、爆炸的物品应当在符合要求的阴凉通风地点存放。

6. 化学性质或防护、灭火方法相抵触的易燃、易爆品，不得在同一仓库内存放。

（二）易燃、易爆品运输装卸的防火防爆措施

1. 在装卸过程中应轻拿轻放，防止撞击、拖拉和倾倒。

2. 对碰撞、互相接触容易引起燃烧、爆炸的易燃、易爆品，不得违反配装限制和混合装运。

3. 对遇热、遇潮容易引起燃烧、爆炸的易燃、易爆物品，在装运时应当采取隔热措施。

4. 对易燃、易爆品的运输，应委托有资质的运输单位运输。

（三）易燃、易爆品使用管理的防火防爆措施

1. 易燃、易爆品的使用及灭火方法应按照有关操作规程或产品使用说明严格执行。对不同的火灾，要用相应的灭火介质灭火，严防适得其反。

2. 各种气瓶在使用时，应距离明火 10 m 以上。氧气瓶的减压器上应有安全阀，严防沾染油脂，不得暴晒、倒置、平使，与乙炔瓶工作间距不小于 5 m。

3. 加强对火源、电源和生产中储存、使用易燃、易爆品的场所的监控。

（四）锅炉压力容器的防火防爆措施

锅炉房的火灾危险性属于丁类生产厂房，但根据锅炉的燃料不同，锅炉房建筑的耐火等级应符合《建筑设计防火规范》（GB 50016—2014）的要求，燃油和燃煤锅炉房分别为一级、二级。但如装设总额定蒸发量不超过 4 t/h、以煤为燃料的锅炉房，可采用三级耐火等级建筑。

锅炉房防火防爆的 6 项措施如下：

1. 在总平面布局中，锅炉房应选择在主体建筑的下风或侧风方向，且应考虑到因明火或烟囱飞火而与周围的甲、乙类生产厂房，易燃物品和重要物资仓库，易燃液体储罐，稻草和露天粮、棉、木材堆场等部位必须保持的防火间距，可以根据《建筑设计防火规范》（GB 50016—2014）的有关规定确定，一般为 25～50 m。

2. 锅炉房宜独立建造。当确有困难时，可贴邻民用建筑布置，但应采用防火墙隔开，且不应贴邻人员密集场所。燃油或燃气锅炉受条件限制必须布置在民用建筑内时，不应布置在人员密集场所的上一层、下一层或贴邻。

3. 锅炉房为多层建筑时，每层至少应有 2 个出口，分别设在两侧，并设置安全疏散楼梯直达各层操作点。对独立的锅炉房，当炉前走道总长度小于 12 m 且建筑面积小于 200 m² 时，可以开一个门。锅炉房通向室外的门应向外开，在锅炉运行期间不得上锁或闩住，确保出入口畅通无阻。

4. 锅炉的燃料供给管道应在进入建筑物前和设备间内的管道上设置自动和手动切断阀。储油间的油箱应密闭且应设置通向室外

的通气管，通气管应设置带阻火器的呼吸阀，油箱的下部应设置防止油品流散的设施。燃气供给管道的敷设应符合现行国家标准《城镇燃气设计规范》（GB 50028—2006）的规定。

5. 油箱间、油泵间、油加热间应用防火墙与锅炉间及其他房间隔开，门窗应对外开启，不得与锅炉间相连通，室内的电气设备应为防爆型。

6. 锅炉房电力线路不宜采用裸线或绝缘线明敷，宜采用金属管或电缆布线，且不应沿锅炉烟道、热水箱和其他载热体的表面敷设，当需要沿载热体表面敷设时，应采取隔热措施。在煤场下及构筑物内不宜有电缆通过。

（五）焊接切割作业的防火措施

1. 凡属于非固定的、没有明显火险因素的场所，必须临时进行焊割作业时，都属三级动火范围，必须进行三级动火审批。三级动火的基本内容：由申请动火者填写动火申请单，由焊工、车间或工段安全员签署意见后，报车间或工段长审批。

2. 认真做好作业前的准备工作。作业工程不论大小，作业前都必须做好准备工作。

3. 焊工要明确作业任务，认真了解作业现场情况，如焊割件的结构、性能，焊割件与其连接在一起的其他附件等。对临时作业现场要进行检查，察看现场环境和具体情况，估计可能出现的不安全因素。在室外焊割时，要注意风力大小和风向变化，以防金属火星随风吹溅到邻近的可燃物上。

4. 对生产、储存过易燃易爆化学物品的设备、容器和各种沾有油脂的焊割件，必须用热水、蒸汽或酸、碱液进行彻底清洗，才能焊割。作业前采用"一问、二看、三嗅、四测爆"的检查方法，绝不盲目焊割。

（六）建筑施工防火措施

1. 凡参加冬季施工作业的施工人员，都应进行冬季施工安全教育，并进行安全交底。

2. 六级以上大风或大雪，应停止高处作业和吊装作业。

3. 搞好防滑措施。对斜道、通行道、爬梯等作业面上的霜冻、冰块、积雪，要及时清除。

4. 加强动火申请和管理，遵守消防规定，防止火灾发生。

5. 现场脚手架、安全网、电气工程、土方、机械设备等安全防护，必须按有关规定执行。

6. 必须正确使用个人防护用品。

（七）人员密集场所防火措施

人员密集场所应按现行消防技术标准要求，设置必要的安全疏散设施，并保证其功能完备、完好有效。

1. 安全疏散设施主要指安全出口（包括疏散楼梯和直通室外地平面的疏散门）、疏散走道、疏散指示标识、应急照明灯等。

2. 安全出口或疏散出口应分散布置，相邻 2 个安全出口或疏散出口最近边缘之间的水平距离不应小于 5 m。

3. 安全出口处不应设置门窗、门槛、台阶，不应设置屏风等影响疏散的遮挡物。疏散楼梯和走道上的阶梯不应采用螺旋楼梯和扇形踏步，疏散门内外 1.4 m 范围内不应设置踏步。

4. 疏散门应向疏散方向开启，不应采用卷帘门、转门、吊门和侧拉门。

5. 用于疏散走道、楼梯间和前室的防火门，应具有自行关闭的功能。常闭防火门的闭门装置应完好、有效。

6. 禁止在人员密集场所的疏散通道、疏散楼梯、安全出口处设置铁栅栏。禁止在公共区域，包括集体住宿的学生、幼儿、老人、住院患者和员工休息的房间外窗安装金属护栏。

7. 房间门至最近安全出口的最大距离不宜超过 30 m（设在单层、多层民用建筑和地下人防工程中的公共娱乐场所，房间位于 2 个安全出口之间时，可为 40 m）。房间内最远点至该房间门的距离不宜大于 15 m（设置在单层、多层民用建筑中的公共娱乐场所，不宜大于 22 m）。

五、火灾扑救

（一）灭火的基本原理和方法

为防止火势失去控制，继续扩大燃烧而造成灾害，需要采取一定的方式将火扑灭，通常有以下几种方法，这些方法的根本原理是破坏燃烧条件。

1. 冷却

可燃物一旦达到着火点，即会燃烧或持续燃烧。将可燃物的温度降到一定温度以下，燃烧即会停止。

2. 隔离

将可燃物与氧气、火焰隔离，就可以中止燃烧、扑灭火灾。

3. 窒息

在着火场所内，可以通过灌注不燃气体，如二氧化碳、氮气、蒸汽等，来降低空间的氧浓度，从而达到窒息灭火。

4. 化学抑制

由于有焰燃烧是通过链式反应进行的，如果能有效地抑制自由基的产生或降低火焰中的自由基浓度，即可使燃烧中止。

（二）火灾扑救的基本原则

火灾初起阶段，燃烧面积小，火势弱，如能采取正确扑救方法，就会在灾难形成之前迅速将火扑灭。据统计，以往发生的火灾中，70％以上是由在场人员在火灾的初起阶段扑灭的。我们应该把火灾消灭在萌芽状态。初起火灾的扑救应遵循以下原则：

1. 先控制，后消灭

对于不能立即扑灭的火灾，首先要控制火势的蔓延和扩大，然后在此基础上一举消灭火灾。

2. 救人重于救火

当火场上有人受到火势围困，首先要做的是把人从火场中救出来，即救人胜于救火。

3. 先重点，后一般

在扑救初起火灾时，要全面了解和分析火场情况，区分重点和一般。

4. 快速，准确，协调作战

火灾初起愈迅速，愈准确靠近火点及早灭火，愈有利于抢在火灾蔓延扩大之前控制火势，消灭火灾。

（三）火警报告

1. 要牢记消防报警电话119，消防队救火不收费。

哎呀!火警电话是多少来着?

2.接通电话后要沉着冷静，向接警中心讲清失火单位的名称、地址、什么东西着火、火势大小、着火范围，同时还要注意听清对方提出的问题，以便正确回答。

3.把自己的电话号码和姓名告诉接警中心，以便联系。

4.打完电话后，要立即到交叉路口等候消防车的到来，以便引导消防车迅速赶到火灾现场。

5.如果着火地区发生了新的变化，要及时报告消防队，使他们能及时改变灭火战术，取得最佳效果。

6.迅速组织人员疏通消防车道，清除障碍物，使消防车到火场后能立即进入最佳位置灭火救援。

7.在没有电话或没有消防队的地方，如农村和边远地区，可采用敲锣、吹哨、喊话等方式向四周报警，动员乡邻来灭火。

（四）常见消防设施与器材的分类与使用

1. 常见的 9 种消防设施

（1）防火门。防火门是指在一定时间内，连同框架能满足耐火稳定性、完整性和隔热性要求的门。防火门通常设置在防火分区隔墙、疏散楼梯间、垂直竖井等处。

（2）防火卷帘。防火卷帘是指在一定时间内，连同框架能满足耐火完整性要求的卷帘。防火卷帘是一种防火分隔物，启闭方式为垂直卷的防火卷帘，平时卷起放在门窗洞口上方的转轴箱中，起火时将其放下展开，用以阻止火势从门窗洞口蔓延。防火卷帘一般设置在自动扶梯周围，中庭与每层走道、过厅、房间相通的开口部位，需设置防火分隔设施的部位等。

防火卷帘由帘板、座板、导轨、支座、卷轴、箱体、控制箱、

卷门机、限位器、门楣、手动速放开关装置、按钮开关和保险装置等组成。与防火卷帘相联动的设备有感烟探测器、感温探测器和火灾联动控制系统。

（3）火灾自动报警系统。火灾自动报警系统是一种自动消防设施，能早期发现和通报火灾。火灾自动报警系统能在火灾初起将燃烧产生的烟雾、热量、火焰等物理量通过火灾探测器变成电信号，传输到火灾报警控制器，并同时以声或光的形式通知整个楼层疏散，使人们能够及时发现火灾，并及时采取有效措施，扑灭初期火灾，最大限度地减少因火灾造成的生命和财产损失。

（4）防排烟系统。防排烟系统是为控制起火建筑内的烟气流动、创造有利于安全疏散和消防救援的条件、防止和减少建筑火灾的危害而设置的一种建筑设施。防排烟系统分为机械加压送风防烟设施和机械排烟设施。

（5）室外消火栓。室外消火栓主要用于向消防车提供消防用水，或在室外消火栓上直接与消防水带、水枪连接进行灭火，是城市基础建设的必备消防供水设施。地上消火栓设置安装明显，容易发现，方便出水操作，地下消火栓应当在地面附近设有明显固定的标识。

（6）室内消火栓系统。室内消火栓系统是建筑物内主要的消防设施之一，是供单位员工或消防队员灭火的主要工具。室内消火栓系统主要有消火栓箱、室内管网、消防水箱、市政入户管、消防水池、消防泵组、水泵接合器、消防泵控制柜、试验消火栓等组成。

（7）自动喷水灭火系统。自动喷水灭火系统是一种固定式自动灭火的设施，它自动探测火灾，自动控制灭火剂的施放。按照管网上喷头的开闭形式，自动喷水灭火系统分为闭式系统和开式系统。

闭式自动喷水系统包括湿式系统、干式系统、预作用系统、循环系统，开式自动喷水系统包括雨淋灭火系统、水幕系统、水喷雾系统。

（8）泡沫灭火系统。泡沫灭火是扑救B类火灾最有效的灭火剂之一，具有安全可靠、经济实用、灭火效率高等特点。泡沫灭火系统由消防水源、消防泵组、泡沫液供应源、泡沫比例混合器、管路和泡沫产生装置等组成。泡沫灭火系统按照安装使用方式，分为固定式、半固定式和移动式3种；按泡沫喷射位置，分为液上喷射和液下喷射2种；按泡沫发泡倍数，又可分为低倍、中倍、高倍3种。

（9）气体灭火系统。气体灭火系统应用于特定的场所，由于气体灭火系统灭火后不留痕迹、不影响设备的正常运行，是一种较为理想的自动灭火系统。气体灭火系统由储存装置（如启动气瓶、灭火气瓶）、启动分配装置、管道、输送释放装置、火灾探测器、消防控制器、监控装置等设施组成。气体灭火系统按使用的灭火剂分为二氧化碳灭火系统、卤代烷替代灭火系统、烟烙尽灭火系统和气溶胶灭火系统；按灭火方式分为全淹没气体灭火系统、局部应用气体灭火系统；按管网的布置分为有管网灭火系统、无管网灭火系统。

2. 常见的6种消防器材

（1）手提式ABC干粉灭火器。使用说明：将筒身上下摇动数次，拔出安全销，使筒体与地面保持垂直；选择上风位置接近火点；手握胶管，将皮管朝向火苗根部，用力压下握把，将干粉射入火焰根部；待火熄灭后以水冷却除烟。

（2）推车式灭火器。使用说明：将灭火器推至现场；拔出安全

销，使筒体与地面保持垂直；选择上风位置接近火点；手握胶管，将皮管朝向火苗根部，用力压下握把，将干粉射入火焰根部；待火熄灭后以水冷却除烟。

（3）消防栓。使用说明：取出消防栓内水带并展开，头连接在出水接扣上，另一端接上水枪，缓慢开启球阀（严禁快速开启，防止造成水锤现象），快速拉取橡胶水管至事故地点，同时缓慢开启球阀开关。

（4）疏散指示标识。规格：15 cm×30 cm；配置要求：出入口、主通道，每隔8～10 m设置1个；使用说明：地面疏散指示标识是一种在亮处吸光、暗处发光的消防指示牌，它可挂可贴，主要作用是在黑暗场所自动发光，指示安全通道和安全门。

（5）消防水带。使用说明：铺设时应避免骤然曲折，以防止降低消防水带的耐水压能力；还应避免扭转，以防止充水后水带转动使内扣式水带脱开；充水后应避免在地面上强行拖拉，需要改变位置时要尽量抬起移动，以减少水带与地面的磨擦。

（6）消防应急灯。使用说明：消防应急灯是一种自动充电的照明灯，发生火灾或停电时，消防应急灯会自动工作照明，指示人们安全通道和出口的位置。

（五）常见危险生产和生活场所火灾扑救措施

1. 电气设备扑救措施

（1）发电机和电动机的火灾扑救方法。发电机和电动机等电气设备都属于旋转电机类，和其他电气设备比较而言，这类设备的特点是绝缘材料比较少，而且有比较坚固的外壳，如果附近没有其他可燃易燃物质，且扑救及时，就可防止火灾扩大蔓延。如果可燃物质数量比较少，就可用二氧化碳、1211 等灭火器扑救。大型旋转电机燃烧猛烈时，可用水蒸气和喷雾水扑救。实践证明，用喷雾水扑救的效果更好。对于旋转电机，不用砂土扑救，以防硬性杂质落入电机内，使电机的绝缘和轴承等受到损坏，造成严重后果。

（2）变压器和油断路器火灾扑救方法。变压器和油断路器等充油电气设备发生燃烧时，切断电源后的扑救方法与扑救可燃液体火灾相同。如果油箱没有破损，可以用干粉、1211、二氧化碳灭火器等进行扑救。如果油箱已经破裂，大量变压器的油燃烧，火势凶猛时，切断电源后可用喷雾水或泡沫扑救。流散的油火可用喷雾水或泡沫扑救。流散的油量不多时，也可用砂土压埋。

（3）变、配电设备火灾扑救方法。变配电设备有许多瓷质绝缘套管，这些套管在高温状态遇急冷或不均匀冷却时，容易爆裂而损坏设备，可能造成一些不应有的事故而使火势进一步扩大蔓延。所以遇到这种情况，最好用喷雾水灭火，并注意均匀冷却设备。

（4）封闭式电烘干箱内被烘干物质燃烧时的扑救方法。封闭式电烘干箱内的被烘干物质燃烧时，切断电源后，由于烘干箱内的空气不足，燃烧不能继续，温度下降，燃烧会逐渐被窒息。因此，发现电烘干箱冒烟时，应立即切断烘干箱的电源，并且不要打开烘干箱，否则，进入的空气反而会使火势扩大。如果错误地往烘干箱内泼水，则会使电炉丝、隔热板等遭受损坏而造成不应有的损失。

如果是车间内的大型电烘干室内发生燃烧，应尽快切断电源。当可燃物质的数量比较多且有蔓延扩大的危险时，应根据烘干物质的情况采用喷雾水枪或直流水枪扑救，但在没有做好灭火准备工作时，不应把烘干室的门打开，以防火势扩大。

在危急情况下，如等待切断电源后再进行扑救，就会有使火势

蔓延扩大的危险，或者断电后会严重影响生产。这时为了取得扑救的主动权，扑救就需要在带电的情况下进行。带电灭火时应注意以下几点：

①必须在确保安全的前提下进行。应用不导电的灭火剂（如二氧化碳、1211、1301、干粉等）进行灭火。不能直接用导电的灭火剂（如直射水流、泡沫等）进行喷射，否则会造成触电事故。

②使用小型二氧化碳、1211、1301、干粉灭火器灭火时，由于其射程较近，要注意保持一定的安全距离。

③在灭火人员穿戴绝缘手套和绝缘靴、水枪喷嘴安装接地线的情况下，可以采用喷雾水灭火。

④如遇带电导线落于地面，则要防止跨步电压触电，扑救人员需要进入灭火时，必须穿上绝缘鞋。

此外，有油的电气设备（如变压器）油开关着火时，也可用干燥的黄沙盖住火焰，使火熄灭。

2. 车辆火灾扑救措施

根据车辆火灾的特点，火灾扑救的基本任务是：积极抢救生命，保护车载物资，防止爆炸，控制过火面积。如果有人员被困，坚持救人第一，积极营救车厢内的被围人员，对重、危伤员应及时进行现场急救，并利用现有车辆快速转送医院救治。车辆火灾的形成、发展、蔓延的快慢，火灾损失的大小，均与车辆当时所处的环境有关，因此在扑救车辆火灾时，应分清情况。

（1）车辆在行驶过程中发生的火灾。在这种情况下，车辆一般位于道路之中，不涉及在建筑内发生的火灾，因此消防队在到场后，应立即安排人员疏散车内人员，警戒现场，防止后来车辆追尾，设置水雾，防止爆炸，再运用多点进攻战术，破拆客车门窗玻璃，利用开花水枪流前后冲击火焰，阻截火势蔓延。需要注意的是，破拆车体时（特别是装载易燃易爆物品的车辆），应采用雾状水实施保护，防止金属碰撞、摩擦产生的火花引燃可燃气体，发生二次火灾或爆炸燃烧。车辆发动机着火时，一般应先对车辆断电熄火，切断车辆蓄电池供电功能，同时不宜开启机舱盖灭火，而应通过缝隙将灭火剂注入。在没有切断电源的情况下，切莫使用直流水直接冲击发动机。

（2）车辆燃油箱发生火灾。在该种情况下，消防队员到场后，在没有人员被困的情况下，应观察着火部位的火势。当燃烧油箱口呈现火炬状燃烧时，消防员可以利用湿衣服、湿棉纱等从上风向接近，扑救车辆和人员要尽可能安排在上风或侧上风方向，并与着火车辆保持适当安全间距，以防车辆油箱起火爆炸，同时将燃油箱口完全捂住，采用窒息灭火的方法灭火。当火势猛烈、油箱破裂或者现场存在油气蒸气、有爆炸危险时，首先到场的消防队员应在现场警戒，利用喷雾水枪稀释现场的油气蒸气，防止爆炸，同时利用泡沫灭火，利用雾状水冷却油箱，保护驾驶室和车厢，如现场存在地面油火，应用干粉、泡沫灭火器扑灭。

（3）车载物资着火。消防员到场之后，应分清车辆类型。如果是半挂车，可以有条件地将驾驶室与车厢分离；如果是普通货车，则必须采取办法阻止火势向驾驶室蔓延。扑救该类车辆火灾时，应及时分清车载物资类型，采用相应的灭火剂。对可能产生化学危害的事故，在及时控制有毒有害物质的扩散和遏制危险化学品的燃烧或爆炸的同时，必须尽快通知环境保护及有能力、有经验处置的化工管理部门、企业，采取回收、转移、降低有毒有害物质含量等措施，迅速处置，防止出现其他意外事故。

（4）车辆在静止情况下发生火灾。在此情况之下，如果车辆停在重要场所，如易燃易爆危险品仓库、公众聚集场所、私人住宅等场所时，如车辆能驶离到空旷处，则将车辆驶离到空旷处再进行扑救。当无法驶离时，则应以最快速度扑灭车辆火灾，同时出水保护受火势辐射的周边重要部位。如果车辆器材装备不足以处置现场险情，要及时向上级汇报，请求增援。

3. 煤气泄漏的应急处理

（1）少量的煤气泄漏，进行修理时，可以采用堵缝（用堵漏胶剂、木塞）或者打补丁的方法来实现；如果是为螺栓打补而钻孔，可以使用手动钻或压缩空气钻床；如果补丁需要焊接，那么在焊补前必须设法阻止漏气。大量煤气泄漏且修理难度较大时，应详细讨论并制定缜密方案，停煤气处理后，采取整体包焊或设计制作煤气堵漏专用夹具进行整体包扎的方法。

（2）在进行上述修理操作前，必须对泄漏部位进行检查确认，一般采用铜制或木质工具轻敲的办法查看泄漏点的形状和大小，检查泄漏部位（设备外壳或者管壁）是否适用不停产焊补和黏接，检查人应富有实践经验，并必须佩戴呼吸器或其他防毒器具。

（3）发生煤气着火后，岗位人员应立即拨打火警电话报警，报出着火地点、着火介质、火势情况等，同时迅速汇报当班值长、工段负责人和煤气防护站，并立即组织义务消防队员现场灭火，并派专人引导消防车到火灾现场。

4. 居家生活防火措施

家庭一旦发生火灾，首先要确保个人安全，然后考虑救火。居家生活防火措施有：

（1）了解所住地消防设备及使用方法。

（2）切勿使电路超负荷，如需增加室内电器，必须由合格的电器技工安装。

（3）室内切勿存放任何易燃及危险物品。

（4）应向家庭成员指示电源总开关所在，如遇火灾，及时切断电源。

（5）使用燃气时，应将窗户尽量打开，以防燃气泄漏时发生意外。停止使用燃气时，应关闭其总开关。

（6）定期检查电器、电线及接驳燃气的胶喉，发现损坏时，要立即更换。

（7）若发生火灾，应保持冷静，立即向消防部门报案，并正确指示起火点。

（8）不同种类的燃烧物应用不同种类的灭火器扑火：木、纸等物燃烧时，应用干粉灭火器；油、燃料、汽油及其他易燃液体燃烧时，应用干粉或泡沫灭火器；电线、电器、马达燃烧时，应用干粉或二氧化碳灭火器。

第三部分

疏散逃生与应急救护

一、疏散逃生

在社会生活中，火灾已成为威胁公共安全、危害人民群众生命财产的一种多发性灾害。据统计，全世界每天发生火灾1万起左右，死亡2 000多人，伤3 000～4 000人，每年造成的直接财产损失达10多亿元。总结以往造成群死群伤及重大经济损失的特大火灾的教训，其中最根本的一点是要提高人们火场疏散与逃生的能力。一旦火灾降临，在浓烟、毒气和烈焰的包围下，不少人葬身火海，也有人死里逃生。面对滚滚浓烟和熊熊烈焰，只要冷静机智运用火场自救与逃生知识，就有极大可能拯救自己、拯救他人。

（一）火场逃生的基本原则

火灾时火势的发展、烟雾的蔓延是有一定规律的，火场同时也是千变万化的，被浓烟烈火围困的人员或灭火人员，一定要抓住有利时机，就近利用一切可以利用的工具、物品，想方设法迅速撤离火灾危险区。在众多人员被大火围困的时候，一个人的正确行为往往能带动更多人的跟随，就会避免一大批人员的伤亡。因此，了解

火灾逃生的基本原则,当突遇火灾时,就能在熊熊大火中顺利逃生。火场逃生时的 13 项基本原则如下:

1. 发生火灾先报警

一旦火灾发生,不能因为惊慌而忘记报警,要立即按警铃或打电话。牢记消防报警电话是"119",报警越早越快越清楚,损失越小。

2. 保持冷静不惊慌

被大火围困时,千万不要惊慌,必须树立坚定的逃生信念和必胜的信心,决不能采取盲目跳楼等错误行为。要保持冷静的头脑和稳定的心态,设法寻找逃生机会,逃出火场。

3. 择路逃生不盲从

逃生路线的选择要做到心中有数,不能盲目追从别人而慌乱逃生,这样会延误顺利撤离的时间,还容易引起骚乱。逃生时要选择路程最短、障碍最少而又能安全快速抵达室外地面的路线。

4. 逃离险情不恋财

时间就是生命,火灾袭来时,性命攸关,没有什么东西比生命更重要了,要迅速撤离危险区,不要因贪恋财物而丧生,注意防护,避免吸入烟雾而中毒。

5. 逃生避难看环境

突发火灾逃生困难时,可利用封闭楼梯间、防烟楼梯及前室、阳台等临时避难场所。千万不可滞留走廊、普通楼梯间等烟火极易蔓延而又没有消防保护设施的区域。

6. 逃离火场防践踏

在逃生过程中,极容易出现聚堆、拥挤,甚至相互践踏的现象,造成通道堵塞和发生不必要的人员伤亡。故在逃生过程中,应遵循依次逃离、按序逃离的原则。

7. 利用条件找出路

要充分利用楼内各种消防设施，如防烟楼梯间、封闭楼梯间、连通式阳台、避难层（间）等。这些都是为逃生和安全疏散创造条件、提供帮助的有效设施，火灾时应充分加以利用。穿过烟区要弯腰跑。火场当中烟的蔓延方向是上升到建筑楼层的顶部后沿墙下降至地面，最后只在走廊中心剩下一个圆形空间。一般烟把整个空间充满是要一定时间的，利用这个时间可以成功逃生，所以在逃生过程中要弯腰跑，千万不要站立行走。

8. 电梯逃生不可行

发生火灾后，千万不要乘坐电梯逃生。因为一般电梯不能防烟绝热，加之起火时最容易发生断电，人在电梯内是十分危险的。消防电梯则是供消防队员灭火救援使用的，一旦消防人员启用消防专用按钮，各楼层的电梯按钮都将同时失效。

9. 逃生途中不乱叫

不要在逃生中乱跑乱窜，大喊大叫，这样会消耗大量体力，吸入更多的烟气，还会妨碍正常疏散而发生混乱，造成更大的伤亡。

10. 身上着火不奔跑

身上着火千万不能奔跑，因为越跑补充的氧气越充分，身上的火就越大；也不可将灭火器对准人体喷射，这样可能导致身体感染或加重中毒；可以就地打滚或用厚重的衣物压灭火焰。闭门发生火灾时不能随便开启门窗，防止新鲜空气大量涌入，火势迅速发展蔓延，甚至发生轰燃。

11. 不到关头不跳楼

高楼着火不要轻易跳楼，一般在二楼、三楼跳楼还有一点生还

的希望，在四楼以上跳楼，生还的机会就很小了，所以发生大火时不要惊慌失措，盲目跳楼。

12. 披毯裹被冲出去

火势不大时，要当机立断披上浸湿的衣服或裹上湿毛毯、湿被褥，勇敢地冲出去，千万别披塑料雨衣等易燃可燃物品。

13. 顾全大局互救助

自救与互救相结合，当被困人员较多，特别是有老、弱、病、残、妇女、儿童在场时，要积极主动帮助他们首先逃离危险区，有秩序地进行疏散。

（二）火场逃生的基本方法

1. 棉被护身法

用浸湿过的棉被（或毛毯、棉大衣）披在身上，确定逃生路线后，用最快的速度冲到安全区域，但千万不可用塑料雨衣作为保护。

2. 毛巾捂鼻法

火灾烟气具有温度高、毒性大的特点，人员吸入后很容易引起呼吸系统烫伤或中毒。因此，在疏散中应用湿毛巾捂住口鼻，以起到降温及过滤的作用。

3. 匍匐前进法

由于火灾发生时烟气大多聚集在上部空间，因此在逃生过程中应尽量将身体贴近地面匍匐（或弯腰）前进。

4. 逆风疏散法

应根据火灾发生时的风向来确定疏散方向，迅速逃到火场上风处躲避火焰和烟气，同时也可获得更多的逃生时间。

5. 绳索自救法

家中有绳索时，可直接将其一端拴在门、窗档或重物上，沿另一端爬下。在此过程中要注意手脚并用（脚呈绞状夹紧绳，双手一上一下交替往下爬），并尽量采用手套、毛巾将手保护好，防止顺势滑下时脱手或将手磨破。

6. 被单拧结法

把床单、被罩或窗帘等撕成条并拧成麻花状，如果长度不够，可将数条床单等连接在一起，按绳索逃生的方式沿外墙爬下，但要切实将床单等扎紧扎实，避免其断裂或接头脱落。

7. 管线下滑法

当建筑外墙或阳台边上有落水管、电线杆、避雷针引线等竖直管线时，可借助其下滑至地面，同时应注意一次下滑的人数不宜过多，以防逃生途中因管线损坏而致人坠落。

8. 竹竿插地法

将结实的竹竿、晾衣竿直接从阳台或窗口斜插到室外地面或下一层平台，两头固定好以后顺竿滑下。

9. 楼梯转移法

当火势自下而上迅速蔓延而将楼梯封死时，住在上部楼层的居民可通过老虎窗、天窗等迅速爬到屋顶，转移到另一人家或另一单元的楼梯进行疏散。

10. 攀爬避火法

通过攀爬至阳台、窗台的外沿及建筑周围的脚手架、雨棚等突出物，以躲避火势。

11. 搭"桥"过渡法

可在阳台、窗台、屋顶平台处用木板、竹竿等较坚固的物体搭

至相邻单元或相邻建筑，以此作为跳板，转移到相对安全的区域。

12. 毛毯隔火法

将毛毯等织物钉或夹在门上，并不断往上浇水冷却，以防止外部火焰及烟气侵入，从而达到抑制火势蔓延速度、延长逃生时间的目的。

13. 卫生间避难法

当实在无路可逃时，可利用卫生间进行避难。用毛巾塞紧门缝，把水泼在地上降温，也可躺在放满水的浴缸里躲避。但千万不可钻到床底、阁楼、衣橱等处避难，因为这些地方可燃物多或容易聚集烟气。

14. 火场求救法

发生火灾时，可在窗口、阳台或屋顶处向外大声呼叫、敲击金属物品或投掷软质物品，如白天可挥动鲜艳布条发出求救信号，晚上可挥动手电筒或白布引起救援人员的注意。

15. 跳楼求生法

火场上切勿轻易跳楼！在万不得已的情况下，住在低楼层的居民可采取跳楼的方法进行逃生，但首先要根据周围地形选择落差较小的地块作为着地点，然后将席梦思床垫、沙发垫、厚棉被等抛下作缓冲物，并使身体重心尽量放低，做好准备以后再跳。

（三）5 种逃生疏散辅助设置

1. 避难袋

避难袋的构造有三层：第一层（最外层）由玻璃纤维制成，可耐 800℃ 的高温；第二层为弹性制动层，束缚下滑的人体和控制下滑的速度；第三层（最内层）张力大而柔软，使人体以舒适的速度向下滑降。

避难袋可用在建筑物内部，也可用于建筑物外部。当用于建筑物内部时，避难袋设于防火竖井内，人员打开防火门进入按层分段设置的袋中，即可滑到下一层或下几层。当避难袋用于建筑物外部时，装设在低层建筑窗口处的固定设施内，失火后将其取出并向窗外打开，通过避难袋滑到室外地面。

2. 缓降器

缓降器是高层建筑的下滑自救器具，由于其操作简单，下滑平稳，是目前市场上应用最广泛的辅助安全疏散产品。

缓降器由摩擦棒、套筒、自救绳和绳盒组成，无须其他动力，通过制动机构控制缓降绳索的下降速度，让使用者在保持一定速度平衡的前提下，安全地缓降至地面。有的缓降器用阻燃套袋替代传统的安全带，这种阻燃套袋可以将逃生人员包括头部在内的全身保护起来，以阻挡热辐射，并降低逃生人员下视地面的恐高心理。

缓降器根据自救绳的长度分为 3 种规格。绳长为 38 m 的缓降器适用于 6～10 层；绳长为 53 m 的缓降器适用于 11～16 层；绳长为 74 m 的缓降器适用于 16～20 层。

使用缓降器时，将自救绳和安全钩牢固地系在楼内的固定物上，把垫子放在绳子和楼房结构中间，以防自救绳磨损。疏散人员穿戴好安全带和防护手套后，携带好自救绳盒或将盒子抛到楼下，将安全带和缓降器的安全钩挂牢，然后一手握套筒，另一手拉住由缓降器下引出的自救绳开始下滑。可用放松或拉紧自救绳的方法控制速度，放松为正常下滑速度，拉紧为减速直到停止。

3. 避难滑梯

避难滑梯是一种非常适合病房楼建筑的辅助疏散设施。当发生

火灾时，病房楼中的伤病员、孕妇等行动缓慢的病人，可在医护人员的帮助下，由外连通阳台进入避难滑梯，靠重力下滑到室外地面或安全区域，从而获得逃生。

避难滑梯是一种螺旋形的滑道，节省占地，简便易用、安全可靠、外观别致，能适应各种高度的建筑物，是高层病房楼理想的辅助安全疏散设施。

4. 室外疏散救援舱

室外疏散救援舱由平时折叠存放在屋顶的一个或多个逃生救援舱和外墙安装的齿轨两部分组成。发生火灾时，专业人员用屋顶安装的绞车将展开后的逃生救援舱引入建筑外墙安装的滑轨，逃生救援舱可以同时与多个楼层走道的窗口对接，将高层建筑内的被困人员送到地面，在上升时又可将消防队员等应急救援人员送到建筑内。

室外疏散救援舱比缩放式滑道和缓降器复杂，一次性投资较大，需要由受过专门训练的人员使用和控制，而且需要定期维护、保养和检查，作为其动力的屋顶绞车必须有可靠的动力保障。其优点是每往复运行一次可以疏散多人，尤其适合疏散乘坐轮椅的残疾人和其他行动不便的人员。它在向下运行将被困人员送到地面后，还可以在向上运行时将救援人员输送到上部。

5. 缩放式滑道

采用耐磨、阻燃的尼龙材料和高强度金属圈骨架制作成可缩放式的滑道，平时折叠存放在高层建筑的顶楼或其他楼层，火灾时可打开释放到地面，并将末端固定在地面事先确定的锚固点，被困人员依次进入后，滑降到地面。紧急情况下，也可以用云梯车在贴近高层建筑被困人员所处的窗口展开，甚至可以用直升机投放到高层建筑的屋顶，由消防人员展开后疏散屋顶的被困人员。

（四）特殊场所逃生事项

1. 单元式住宅火灾的逃生

单元式居民住宅是人们稳定生活、安逸休息、维持生存的重要场所。单元式居民住宅，主要由客厅、卧室、卫生间、厨房、阳台等部分组成，按楼层分平房式单元居民住宅和楼层式单元居民住宅。

（1）利用门窗逃生。在火场受困时，大多数人利用门窗逃生。利用门窗逃生的前提条件是火势不大，还没有蔓延到整个单元住宅，受困人员都较熟悉燃烧区内通道。利用门窗逃生的具体方法为：把被子、毛毯或褥子用水淋湿裹住身体，低身冲出受困区；或者将绳索一端系于窗户横框（或室内其他固定构件上，无绳索时可用床单或将窗帘撕成布条代替），另一端系于小孩或老人的两腋和腹部，将其沿窗降至地面或下层窗口处，破窗入室，从未着火的通道安全疏散，其他人可沿绳索滑下。

（2）利用阳台逃生。由于火势较大，无法利用门窗逃生时，可利用阳台逃生。高层单元住宅建筑从第七层开始，每层相邻单元的阳台相互连通，在此类楼层中受困，可拆破阳台间的分隔物，从阳台进入另一单元，再进入疏散通道逃生。如果楼道走廊已被浓烟充满无法通过时，可紧闭与阳台相通的门窗，站在阳台上避难。

（3）利用空间逃生。在室内空间较大而火灾不大时，可利用空间逃生。具体做法是：将室内（卫生间、厨房都可以，室内有水源最佳）的可燃物清除干净，同时清除与此室相连室内的可燃物，消除明火对门窗的威胁，然后紧闭与燃烧区相通的门窗，防止烟和有

毒气体的进入，等待火势熄灭或消防部门的救援。

（4）利用时间差逃生。在火势封闭了通道时，可利用时间差逃生。由于一般单元式住宅楼为一级、二级防火建筑，耐火极限为2～2.5小时，只要不是建筑整体受火势的威胁，局部火势一般很难致使住房倒塌。利用时间差逃生的具体方法是：人员先疏散到离火势最远的房间内，在室内准备被子、毛毯等，将其淋湿，或采取利用门窗逃生的方法，逃出起火房间。

（5）利用管道逃生。房间外墙壁上有落水或供水管道时，有能力的人可以利用管道逃生。这种方法一般不适用于妇女、老人和小孩。在火场中或有烟的室内行走，尽量低身弯腰，以降低高度，防止窒息。在逃生途中，尽量减少携带物品的体积和重量。正确估计火势发展和蔓延势态，不得盲目采取行动，防止产生侥幸心理，先要考虑安全及可行性后再采取行动。逃生、报警、呼救要结合进行，防止只顾逃生而不顾报警与呼救。

2. 高层建筑火灾的逃生

高层建筑发生火灾，存在着难进入、难扑救、难寻找、难救援等困难，这就需要提高高层建筑内人们的消防意识，立足于自防自救。

（1）充分利用高层建筑内部的附属设施进行疏散逃生，这是常见的较为有效的逃生途径。《建筑设计防火规定》（GB 50016—2014）要求，100 m以上的高层建筑需设置避难层，一旦发生火灾，人们可以尽快进入避难层，等待疏散和救援。人们可以通过室内步行楼梯或消防电梯逃生，但不能乘坐普通电梯。消防电梯拥有独立电源，一旦着火断电，消防电梯就会自动启动另一电源和电梯内用于逃生的设施，维持24小时不断电。通常，高层建筑至少应设有 2 道以上的楼内逃生楼梯，遇有火情普通电梯不能使用时，人们可利用内楼梯进行疏散逃生，一道被堵就从另一道逃生。逃生时，要尽可能关闭楼梯间的防火门，防止烟火侵入。

（2）努力自救或等待救援。工作或生活在高层建筑内的人们，遇火灾不要轻易跳楼。如果被烟火困在较低楼层（三层以下），可先将室内席梦思、被子等软物抛到楼底，再从窗口跳至软物上逃生；或是把床单、窗帘等接成绳，沿绳索悬垂自救。被困在较高楼层时，要将自己充分暴露在容易被发现的地方，等待消防人员前来救援。

（3）逃生尽量向下而不是向上。由于浓烟烈火向上蔓延的速度很快，人们逃生时要尽量向下跑，要尽可能地迎着火区闯过火带逃向楼底。虽然向下迎着火区闯也有危险，但相对而言，危险性比向上跑要小得多。只有在火势很大、着火点以下楼层完全被封、无法向下逃生时，再考虑往上逃到较为安全的楼层（比如超高层建筑的避难层）等待救援。逃生时，要用湿毛巾捂住口鼻、湿棉被裹身，最好使头部尽量贴近地面，必要时匍匐前进。

（4）门锁发烫时泼水降温，不可开门。如果高楼失火，遇火第一时间首先该拨打消防报警电话 119。在火灾刚发生时，可趁火势很小，用灭火器、自来水等在第一时间灭火，同时呼喊周围人员参与灭火和报警。当身上衣服着火时，应赶紧设法脱掉衣服或就地打滚，压灭火苗；如果发现楼内火势难以控制时，应尽快撤离火场并报警。在逃生开门前，应先触摸门锁。如果门锁温度很高或有浓烟从门缝中往里钻，则说明大火或烟雾已封锁房门出口，此时切不可打开房门，而应退守房间，关闭房内所有的门窗，用毛巾、被子等塞住门缝并泼水降温，同时利用手机等通信工具及时报警。逃生勿

入电梯，当心"烟囱效应"。

3. 人员密集公共场所的逃生

进入人员密集场所后，首先要熟悉场所环境，了解安全出口的位置。一般在人员密集场所的包厢门背后和主要通道都贴有逃生疏散图。当火灾发生后，一定要保持头脑清醒，冷静观察，利用现场有利条件逃生。逃生要注意以下事项：

（1）要沿着疏散指示标识进行逃生。每个人员密集场所的疏散通道都装有疏散指示标识，当无法辨别逃生方向时，一定要沿着疏散指示标识的指示方向进行逃生。要有秩序地疏散，不能乱跑乱挤，以免发生踩踏事故。

（2）自制器材逃生。娱乐场所发生火灾后，可利用的逃生物资较多。如将毛巾、窗帘布浸湿后捂住口鼻，作为防烟工具；利用绳索、地毯、窗帘来开辟逃生通道。

（3）利用建筑物设施逃生。可利用落水管、房屋外的突出部分和通向室外的窗口逃生，或转移到安全区域再寻找逃生机会。要胆大心细，特别是老、弱、病、残、妇、幼等人员，切不可盲从，否则容易发生伤亡。一般三层以上不宜跳楼逃生。

（4）寻找避难处逃生。在无路可逃的情况下，应积极寻找避难处，如到阳台、楼层平顶等待救援；选择火势、烟雾难以蔓延的房间，如厕所、保安室等，关好门窗，堵塞间隙。无论白天还是夜晚，被困者都应大声呼救，不断发出各种求救信号以引起救援人员注意。

（5）逃生过程中，防止烟雾进入口腔。用水打湿衣服或毛巾，捂住口腔和鼻孔，并采用低姿行走或匍匐爬行的方法，以减少烟气对人体的伤害。在逃离烟雾区时，注意朝明亮处或外面空旷处跑，并要尽量往楼层下面跑，因为火主要是向上蔓延的。

4. 危险化学品厂房逃生

（1）赶紧逃离现场，越快越好。如果是在室内，火焰和有毒气体均往上走，跑的时候尽量伏低身子，努力靠近空气流通的门窗处。

（2）逃离过程中，要保护呼吸道，减少烟雾、气体的吸入。可以找条毛巾，浸湿后捂住口鼻。

（3）逃离时，不要大喊大叫，以免吸入热空气。

（4）逃到安全环境后，身上着火的话，用就地打滚的方式灭火，不要用手拍打。

（5）被酸、碱或其他化学物烧伤，立即用大量流动清水冲洗创面，冲洗时间为 30 分钟，这是急救效果最佳的冲洗时间。眼睛被酸、碱或其他化学物烧伤，也要迅速用清水冲洗眼睛，冲洗时眼皮一定要掰开。如果没有冲洗设备，也可把头部埋入盛满水的盆中，把眼皮掰开，眼球来回转动洗涤。冲洗后，用干净、干燥的毛巾或

伤口一定要冲洗干净啊！

布单，轻轻包裹伤口。尽快到具有救治烧伤经验的医院治疗。注意，烧伤急救时，千万不能用酱油、牙膏、红汞、紫药水作为止血或者疗伤"药物"。

二、应急救护

（一）烧烫伤的急救方法

1. 脱，即尽快脱去着火或沸腾液浸渍的衣服，特别是化纤衣服。若贴身衣服与伤口粘在一起，切勿强行撕脱，可用剪刀先剪开，然后将衣服脱去。

2. 冷，即冷疗，是烧伤早期最为有效而经济的急救手段。烧烫伤后及时冷疗，可防止热力继续作用于创面，并可减轻疼痛，减少渗出和消肿。具体方法是将烧烫伤创面用自来水淋洗或浸入水中（水温以伤者能承受为准，一般为 15～20℃，热天可在水中加些冰块），也可用冷（冰）水浸湿毛巾、纱垫等敷于创面。冷疗时间一般以冷疗之后伤者不再剧烈疼痛为止，通常需要 0.5～1 小时。冷疗一般适用于中小面积烧伤，特别是四肢的烧伤。

3. 盖，即保护好创面，尽量不要弄破水疱。用清洁干净的床单、布条、纱布等覆盖受伤部位。注意不要在受伤部位涂抹麻油、酱油、牙膏、肥皂、草灰等，同时也不要外涂某些有颜色的药物，如龙胆紫、红汞等，以免影响医护人员对创面深度的判断和处理。

4. 送，即迅速送正规医院诊治。除面积很小的浅度烧烫伤可以自行处理外，其他情况的烧烫伤患者最好尽快去附近的医院做进一步的伤口处理。

（二）危险化学品吸入或接触中毒急救方法

1. 皮肤黏膜除毒

皮肤被毒物污染时，应立即脱去污染衣服，若皮肤无创面，一般用清水（忌用热水）冲洗。若为不溶于水的毒物，可用适当的溶剂冲洗。有机磷农药污染皮肤，可先用弱碱水或肥皂水清洗，然后再用清水冲洗。由酸引起的皮肤灼伤创面，用清水冲洗后，可继续用 0.5％碳酸氢钠溶液冲洗；由碱引起的皮肤灼伤创面，则可选用 1％醋酸或 1％枸橼酸冲洗。如毒物侵入眼内，应立即用大量清水冲洗，冲洗时间不应少于 10 分钟。如为碱性毒物，再用 3％硼酸液冲洗，予以中和；如为酸性毒物，则用 2％碳酸氢钠溶液清洗中和。冲洗中和后，可滴入 0.5％醋酸可的松，以减轻局部炎症反应，并采用 0.5％氯霉素或 0.5％红霉素溶液滴眼。疼痛较剧烈时，可以 1％地卡因溶液滴眼。

2. 催吐

对口服中毒者，应力争将尚未被吸收的毒物迅速从胃中清除出来。若患者神志清醒，胃内含有食物或固体毒物常不易被洗出，因此更适合催吐。常用的催吐方法是先饮水 300～500 mL，然后用压舌板刺激软腭、咽后壁及舌根部，使之呕吐，反复多次，直至胃内容物吐尽为止。也可皮下注射阿朴吗啡 5 mg，有较强的催吐作用。对腐蚀性毒物（酸、碱）中毒，以及昏迷、惊厥、肺水肿、严重高血压、心力衰竭和休克的中毒病人，禁用催吐。

3. 洗胃

服毒 6 小时内，洗胃最有效，但即使超过 6 小时，如无禁忌证，仍有洗胃的必要。插入胃管后，先抽出内容物，再灌注洗胃

液，每次灌注量不超过 500 mL，反复灌洗直到洗出液澄清、无味为止。洗胃时，病人应侧卧，头部稍低于躯体，以防吸入性肺炎。病情严重、深度昏迷或腐蚀剂中毒者，不宜洗胃。

（三）摔伤致皮肤破损或骨折的急救方法

1. 表浅一般伤口

无嵌入性异物，不伴有血管神经损伤的，容易止血。现场有条件时，用生理盐水冲洗伤口后，伤口周围皮肤用 75% 酒精消毒（注意不要让酒精进入伤口），然后用无菌敷料包扎。如现场无条件，可以就地取材，可用洁净布料、毛巾、衣物等压迫，快速转送到医院进行清创。

2. 头部伤口

头皮血管丰富、出血较多，常伴有颅骨骨折和颅脑损伤。头部伤口要尽快用无菌敷料或洁净布料压迫止血，并用尼龙网套固定敷料。如有耳、鼻漏液，说明有颅底骨折，这时禁止堵塞耳道和鼻孔，以防颅内感染及颅内压力增高。现场如有条件，先用无菌敷料擦净耳、鼻周围的血迹及污染物，用酒精消毒。如无上述物品，可用清洁的毛巾、纸巾等将耳朵、鼻孔周围擦拭干净。

3. 手指离断伤

立即掐住伤指根部两侧，防止出血过多，然后用回反式绷带包扎手指残端。不要用绳索、布条捆扎手指，以免加重手指损伤或造成手指缺血坏死。离断的手指要用洁净物品（如手帕、毛巾等）包好，外套塑料袋或装入小瓶中。将装有离断手指的塑料袋或小瓶放入装有冰块的容器中，无冰块可用冰棍代替。不要将断手指直接放入水中或冰中，以免影响手指再植成活率。

4. 肢体离断伤

车祸、机器碾轧伤等可造成肢体离断伤。这时，首先应现场止血，一般需要上止血带。多数肢体离断伤组织碾挫较重，血管很快回缩，并形成血栓，出血并非喷射性，这时仅进行残端包扎即可。如果出血多，呈喷射性，先用指压止血法止血，然后上止血带，再用大量纱布压在肢体残端，用回返式包扎法加压包扎，用宽胶布从肢端开始向上拉紧粘贴，以加强加压止血和防止敷料脱落。离断的肢体要用布料包好，外面套一层塑料袋，放在另一装满冰块或冰棍的塑料袋中保存。如果离断的肢体尚有部分组织相连，则直接包扎，并按骨折固定法进行固定；如有大的骨块脱出，则应同时包好，一同送医院，不能丢弃。

5. 开放性气胸

严重创伤或刀扎伤等可造成胸部开放伤，伤口与胸膜腔相通，形成开放性气胸。病人感觉呼吸困难，伤口伴随呼吸可有气流声发出。这时应立即用纱布或清洁敷料压在伤口上并用胶布将敷料固定，将伤侧手臂抬高，用三角巾折成宽带绕胸固定于健侧打结，或用4条四指宽带绕胸固定于健侧分别打结。伤病人取半卧位。

6. 腹部内脏脱出

发现腹部有内脏脱出，不要将脱出的内脏送回腹腔，以免引起腹腔感染，应立即用大块纱布覆盖在脱出的内脏上，用纱布卷成保护圈，放在脱出的内脏周围，保护圈可用碗或皮带圈代替，再用三角巾包扎。伤员取仰卧位或半卧位，下肢屈曲，尽量不要咳嗽，严禁饮水进食。

7. 伤口异物的处理

伤口表浅异物可以祛除，然后包扎伤口。如异物为尖刀、钢

筋、木棍、尖石块，并扎入伤口较深，则不要轻易祛除，避免引起大出血及神经损伤。这时应维持异物原位不动，待转入医院后处理。应在敷料上剪洞，套过异物，置于伤口上，然后用敷料卷圈放在异物两侧，将异物固定，用敷料或者三角巾包扎。

8. 伴有大血管损伤的伤口

严重创伤、刀砍伤等造成大血管断裂、出血过多时，易造成出血性休克，伴有大血管损伤的伤口较深，出血多，伤口远端脉搏搏动消失，肢体远端苍白、发凉，伤口内可见血管断端喷血，肌肉断裂外露。此时，手指压迫止血是最简便、有效的方法。用手指压迫伤口上方（或近心端）的血管。先用手指摸清血管搏动处，然后压紧血管，并迅速用纱布压迫伤口止血。如伤口深而大，则用纱布填塞压实止血。放置纱布范围要大，应超出伤口 5～10 cm，这样才能有效止血。用绷带加压包扎，如肢体出血仍然不止，则用止血带。

（四）口对口（鼻）人工呼吸

1. 使处于昏迷、失去知觉或假死状态的伤员仰卧，迅速解开其围巾、领口、紧身衣扣并放松腰带，颈部下方可以适当垫起以利呼吸畅通，切不可在头部下方垫物。同时，还应再一次检查伤员是否已停止呼吸。

2. 把伤员的头侧向一边，清除口腔中的假牙、血块、黏液等异物。如舌根下陷，应把它拉出来，使呼吸道畅通。如果伤员牙关紧闭，可用小木片、小金属片等坚硬物品从其嘴角插入牙缝，慢慢撬开嘴巴。

3. 使伤员的头部尽量后仰，鼻孔朝天，下颌尖部与前胸部大体保持在一条水平线上，如图 a 所示。这样，舌根部就不会阻塞气道。

4. 救护人员蹲跪在伤员头部的左侧或右侧，一只手捏紧伤员的鼻孔，用另一只手的拇指和食指掰开嘴巴，如图 b 所示。如掰不开嘴巴，可用口对鼻人工呼吸法，捏紧嘴巴，紧贴鼻孔吹气。

5. 深吸气后，紧贴掰开的嘴巴吹气，如图 c 所示。吹气时可隔一层纱布或毛巾。吹气时要使伤员的胸部膨胀，每 5 秒一次，每次吹 2 秒。

6. 吹气后，应立即离开伤员的口（鼻），并松开伤员的鼻孔（或嘴唇），让其自由呼吸，如图 d 所示。

7. 在人工呼吸的过程中，若发现伤员有轻微的自然呼吸时，人工呼吸应与自然呼吸的节律相一致。当自然呼吸有好转时，可暂停人工呼吸数秒并密切观察。若自然呼吸仍不能完全恢复，应立即继续进行人工呼吸，直至呼吸完全恢复正常为止。

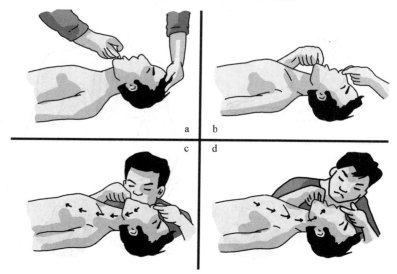

（五）胸外心脏按压法

1. 使伤员仰卧在比较坚实的地面或地板上，解开衣服，清除口内异物，然后进行急救。

2. 救护人员蹲跪在伤员腰部一侧，或跨腰跪在其腰部，两手相叠，如图 e 所示。将掌根部放在被救护者胸骨下 1/3 的部位，即把中指尖放在其颈部凹陷的下边缘，手掌的根部就是正确的压点，如图 f 所示。

3. 救护人员两臂肘部伸直，掌根略带冲击地用力垂直下压，压陷深度为 3~5 cm，如图 g 所示。成人每秒钟按压一次，太快和太慢效果都不好。

4. 按压后，掌根迅速全部放松，让伤员胸部自动复原。放松时掌根不必完全离开胸部，如图 h 所示。按以上步骤连续不断地进行操作，每秒钟一次。按压时定位必须准确，压力要适当，不可用

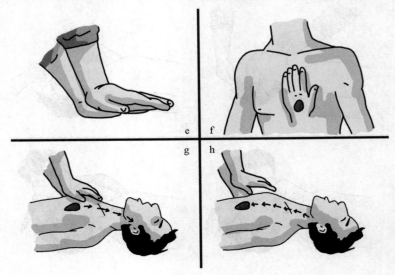

力过大过猛，以免挤压出胃中的食物，堵塞气管，影响呼吸，或造成肋骨折断、气血胸和内脏损伤等。也不能用力过小，而起不到按压的作用。

需要注意的是，伤员一旦呼吸和心跳均已停止，应同时进行口对口（鼻）人工呼吸和胸外心脏按压。如果现场仅有 1 人救护，两种方法应交替进行，每次吹气 2～3 次，再按压 10～15 次。进行人工呼吸和胸外心脏按压急救，在救护人员体力允许的情况下，应连续进行，尽量不要停止，直到伤员恢复呼吸与脉搏跳动，或有专业急救人员到达现场。

（六）常用止血法

常用的止血方法主要有压迫止血法、止血带止血法、加压包扎止血法和加垫屈肢止血法等。

1. 压迫止血法

适用于头、颈、四肢动脉大血管出血的临时止血。当一个人负伤流血以后，只要立刻用手指或手掌用力压紧伤口附近靠近心脏一端的动脉跳动处，并把血管压紧在骨头上，就能很快起到临时止血的效果。如头部前面出血时，可在耳前对着下颌关节点压迫颞动脉。颈部动脉出血时，要压迫颈总动脉，此时可用手指按在一侧颈

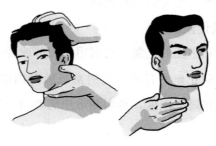

根部，向中间的颈椎横突压迫，但禁止同时压迫两侧的颈动脉，以免引起大脑缺氧而昏迷。

2. 止血带止血法

适用于四肢大出血。用止血带（一般用橡皮管、橡皮带）绕肢体绑扎打结固定。上肢受伤可扎在上臂上部 1/3 处；下肢受伤扎于大腿的中部。若现场没有止血带，也可以用纱布、毛巾、布带等环绕肢体打结，在结内穿一根短棍，转动此棍使带绞紧，直到不流血为止。在绑扎和绞止血带时，不要过紧或过松。过紧会造成皮肤或神经损伤，过松则起不到止血的作用。

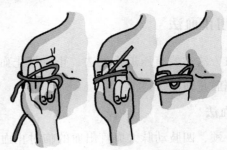

3. 加压包扎止血法

适用于小血管和毛细血管的止血。先用消毒纱布或干净毛巾敷在伤口上，再垫上棉花，然后用绷带紧紧包扎，以达到止血的目的。若伤肢有骨折，还要另加夹板固定。

4. 加垫屈肢止血法

多用于小臂和小腿的止血。它利用肘关节或膝关节的弯曲功能压迫血管，以达到止血的目的。在肘窝或腋窝内放入棉垫或布垫，然后使关节弯曲到最大限度，再用绷带把前臂与上臂（或小腿与大腿）固定。

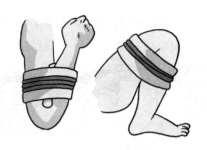

（七）常用包扎法

伤员经过止血后，要立即用急救包、纱布、绷带或毛巾等包扎起来。常用的包扎材料有绷带、三角巾、四头带及其他临时代用品（如干净的手帕、毛巾、衣物、腰带、领带等）。绷带包扎一般用于受伤的肢体和关节，固定敷料或夹板和加压止血等。三角巾包扎主要用于包扎、悬吊受伤肢体，固定敷料，固定骨折等。常用包扎法如下：

1. 头顶式包扎法

外伤在头顶部可用此法。把三角巾底边折叠两指宽，中央放在前额，顶角拉向后脑，两底角拉紧，经两耳上方绕到头的后枕部，压着顶角，再交叉返回前额打结。如果没有三角巾，也可改用毛巾。先将毛巾横盖在头顶上，前两角反折后拉到后脑打结，后两角各系一根布带，左右交叉后绕到前额打结。

2. 单眼包扎法

如果眼部受伤，可将三角巾折成四指宽的带形，斜盖在受伤的眼睛上。三角巾长度的 1/3 向上，2/3 向下。下部的一端从耳下绕

到后脑，再从另一只耳上绕到前额，压住眼上部的一端，然后将上部的一端向外翻转，向脑后拉紧，与另一端打结。

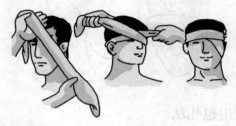

3. 三角形上肢包扎法

如果上肢受伤，可把三角巾的一底角打结后套在受伤的那只手臂的手指上，把另一底角拉到对侧肩上，用顶角缠绕伤臂，并用顶角上的小布带包扎。然后将受伤的前臂弯曲到胸前，呈近直角形，最后把两底角打结。

4. 膝（肘）带式包扎法

根据伤肢的受伤情况，把三角巾折成适当宽度，呈带状，然后把它的中段斜放在膝（肘）的伤处，两端拉向膝（肘）后交叉，再缠绕到膝（肘）前外侧打结固定。

（八）骨折固定的注意事项

1. 要注意伤口和全身状况。如伤口出血，应先止血，包扎固定；如出现休克或呼吸、心跳骤停时，应立即进行抢救。

2. 在处理开放性骨折时，局部要做清洁消毒处理，用纱布将伤口包好，严禁把暴露在伤口外的骨折端送回伤口内，以免造成伤口污染和再度刺伤血管与神经。

3. 对于大腿、小腿、脊椎骨折的伤者，一般应就地固定，不要随便移动伤者，不要盲目复位，以免加重损伤程度。如上肢受伤，可将伤肢固定于躯干；如下肢受伤，可将伤肢固定于另一健肢。

4. 骨折固定所用的夹板长度与宽度要与骨折肢体相称，其长度一般以超过骨折上下两个关节为宜。

5. 固定用的夹板不应直接接触皮肤。在固定时可将纱布、三角巾、毛巾、衣物等软材料垫在夹板和肢体之间，特别是夹板两端、关节骨头突起部位和间隙部位，可适当加厚垫，以免引起皮肤磨损或局部组织压迫坏死。

6. 固定、捆绑的松紧度要适宜，过松达不到固定的目的，过紧影响血液循环，导致肢体坏死。固定四肢时，要将指（趾）端露出，以便随时观察肢体血液循环情况。如出现指（趾）苍白、发冷、麻木、疼痛、肿胀、甲床青紫等症状时，说明固定、捆绑过紧，血液循环不畅，应立即松开，重新包扎固定。

7. 固定骨折的四肢时，应先捆绑骨折端处的上端，后捆绑骨折端处的下端。如捆绑次序颠倒，则会导致再度错位。上肢固定时，肢体要屈着绑（屈肘状）；下肢固定时，肢体要伸直绑。

（九）搬运伤员的注意事项

在对伤员进行急救之后，就要把伤员迅速送往医院。此时，正确地搬运伤员是非常重要的。如果搬运不当，可使伤情加重，严重时还可能造成神经、血管损伤，甚至瘫痪，难以治疗。因此，对伤员的搬运应十分小心。

1. 如果伤员伤势不重，可采用扶、掮、背、抱的方法将伤员运走。

（1）单人扶着行走。左手拉着伤员的手，右手扶住伤员的腰部，慢慢行走。此法适用于伤势不重、神志清醒的伤员。

（2）肩膝手抱法。伤员不能行走，但上肢还有力量，可让伤员勾在搬运者颈上。此法禁用于脊柱骨折的伤员。

（3）背驮法。先将伤员支起，然后背着走。

（4）双人平抱着走。两个搬运者站在同侧，抱起伤员走。

2. 针对不同伤情，应采用不同的搬运法。

（1）脊柱骨折伤员的搬运：对于脊柱骨折的伤员，一定要用木板做的硬担架抬运。应由 2～4 人搬运，使伤员成一线起落，步调一致。切忌一人抬胸，另一人抬腿。将伤员放到担架上以后，要让他平卧，腰部垫一个靠垫，然后用 3～4 根皮带把伤员固定在木板上，以免在搬运中滚动或跌落，造成脊柱移位或扭转，刺激血管和神经，使下肢瘫痪。无担架、木板，需众人用手搬运时，抢救者必须有一人双手托住伤者腰部，切不可单独一人用拉、拽的方法抢救伤者，否则易把伤者的脊柱神经拉断，造成下肢永久性瘫痪的严重后果。

（2）颅脑伤昏迷者的搬运：搬运时要两人以上，重点保护头

部。将伤员放到担架上，采取半卧位，头部侧向一边，以免呕吐物阻塞气道而窒息。如有暴露的脑组织，应加以保护。抬运前，头部给以软枕，膝部、肘部应用衣物垫好，头颈部两侧垫衣物以使颈部固定，防止来回摆动。

（3）颈椎骨折伤员的搬运：搬运时，应由一人稳定头部，其他人以协调力量将其平直抬到担架上，头部左右两侧用衣物、软枕加以固定，防止左右摆动。

（4）腹部损伤者的搬运：严重腹部损伤者，多有腹腔脏器从伤口脱出，可采用布带、绷带做一个略大的环圈盖住加以保护，然后固定。搬运时采取仰卧位，并使下肢屈曲，防止腹压增加而使肠管继续脱出。

第四部分

典型案例

一、央视大楼"2·9"特别重大火灾事故

（一）事件简要经过

2009年2月9日20时27分，北京市朝阳区东三环中央电视台新址园区在建的附属文化中心大楼工地发生火灾，熊熊大火在三个半小时之后才得到有效控制，在救援过程中造成1名消防队员牺牲，6名消防队员和2名施工人员受伤，建筑物过火、过烟面积21 333 m²，其中过火面积8 490 m²，楼内十几层的中庭已经坍塌，位于楼内南侧演播大厅的数字机房被烧毁，造成直接经济损失16 383万元。

（二）事故原因分析

2009年2月9日是农历正月十五元宵节。根据北京市政府的规定，这一天也是当年春节期间五环区域内可以燃放烟花爆竹的最后一天。此前，北京已连续106天没有有效降水，空气干燥。但北京气象专家称，9日晚央视新址大楼所在区域的地面风速为0.9 m/s，

属于微风，基本上不会形成风助火势的严重状况。由于风力的影响小，大大减小了本次事故的损失。本次火灾事故的发生主要有以下几方面的原因：建设单位违反烟花爆竹安全管理相关规定，组织大型礼花焰火燃放活动；有关施工单位大量使用不合格保温板，配合建设单位违法燃放烟花爆竹；监理单位对违法燃放烟花爆竹和违规采购、使用不合格保温板的问题监理不力；有关政府职能部门对非法销售、运输、储存和燃放烟花爆竹，以及工程中使用不合格保温板问题监管不力。

（三）事故教训及防范措施

71 名事故责任人受到责任追究，其中 44 名事故责任人已被移送司法机关依法追究刑事责任，27 名事故责任人受到党纪、政纪处分，并依法对中央电视台新台址建设工程办公室罚款 300 万元。这起事故过火场面触目惊心，给国家财产带来了巨大损失，被认定为一起责任事故。针对这起事故，应加强如下火灾事故的防范措施：

1. 按有关规定建设完善消防设施

建设单位所有装饰、装修材料均应符合消防的相关规定，要设置火灾自动报警系统、消火栓系统、自动喷水灭火系统、防烟排烟系统等各类消防设施，并设专人操作维护，定期进行维修保养；要按照规范要求设置防火、防烟分区，疏散通道及安全出口。安全出口的数量，疏散通道的长度、宽度及疏散楼梯等设施的设置，必须符合规定，严禁占用、阻塞疏散通道和疏散楼梯间，严禁在疏散楼梯间及其通道上堆放物资。

2. 建立健全消防安全制度

要落实消防安全责任制，明确各岗位、部门的工作职责，建立健全消防安全工作预警机制和消防安全应急预案，完善值班巡视制度，成立消防义务组织，组织消防安全演习，加大消防安全工作的管理力度。

3. 强化对重点区域的检查和监控

消防安全责任人要加强日常巡视，发现火灾隐患及时采取措施，应建立健全用火、用电、用气管理制度和操作规范，管道、仪表、阀门必须定期检查。

4. 加强对员工的消防安全教育

要加强对员工的消防知识培训，提高员工的防火灭火知识，使员工能够熟悉火灾报警方法，熟悉岗位职责，熟悉疏散逃生路线，要定期组织应急疏散演习，加强消防实战演练，完善应急处置预案，确保突发情况下能够及时有效地进行处置。

二、河南平顶山"5·25"特别重大火灾事故

（一）事件简要经过

2015 年 5 月 25 日 19 时 30 分许，河南省平顶山市鲁山县康乐园老年公寓不能自理区女护工赵某某、龚某某在起火建筑西门口外聊天，突然听到西北角屋内传出异常声响，2 人迅速进屋，发现建筑内西墙处的立式空调以上墙面及顶棚区域已经着火燃烧。赵某某立即大声呼喊救火并进入房间，拉起西墙侧轮椅上的 2 位老人往室外跑。再次返回救人时，火势已大，自己被烧伤。龚某某向外呼喊

求助。不能自理区男护工石某某、常某某、马某某（范某某的丈夫），消防主管孔某某和半自理区女护工石某等听到呼喊求救后，先后到场施救，从起火建筑内救出 13 名老人，范某某组织其他区域人员疏散。在此期间，范某某、孔某某发现起火后，先后拨打消防报警电话 119 报警。由于大火燃烧迅猛，并产生大量有毒有害烟雾，老人不能自主行动，无法快速自救，导致重大人员伤亡，不能自理区全部烧毁。

19 时 34 分 04 秒，鲁山县消防大队接到报警后，迅速调集大队 5 辆消防车、20 名官兵赶赴现场，19 时 45 分消防车到达现场，起火建筑已处于猛烈燃烧状态，并发生部分坍塌。消防大队指挥员及时通知辖区 2 个企业专职消防队的 2 辆水罐消防车、14 名队员到达火灾现场协助救援。现场成立 4 个灭火组压制火势、控制蔓延、掩护救人，2 个搜救组搜救被困人员。20 时 10 分现场火势得到控制，20 时 20 分明火被扑灭。截至 5 月 26 日 6 时 10 分，指挥部先后组织 7 次对现场细致搜救，在确认搜救到人数与有关部门提供现场被困人数相吻合的情况下，结束现场救援。

（二）事故原因分析

1. 直接原因

老年公寓不能自理区西北角房间西墙及其对应吊顶内，给电视机供电的电器线路因接触不良而发热，高温引燃周围的电线绝缘层、聚苯乙烯泡沫、吊顶木龙骨等易燃可燃材料，造成火灾。

造成火势迅速蔓延和重大人员伤亡的主要原因是建筑物大量使用聚苯乙烯夹芯彩钢板（聚苯乙烯夹芯材料燃烧的滴落物具有引燃性），且吊顶空间整体贯通，使火势迅速蔓延并猛烈燃烧，导致整

体建筑短时间内垮塌损毁。

不能自理区老人无自主活动能力，无法及时自救，造成重大人员伤亡。

2. 间接原因

康乐园老年公寓违规建设运营，管理不规范，安全隐患长期存在。

（1）违法违规建设、运营。康乐园老年公寓发生火灾，建筑没有经过规划、立项、设计、审批、验收，使用无资质施工队；违规使用聚苯乙烯夹芯彩钢板、不合格电器电线；未按照国家强制性行业标准《老年人建筑设计规范》〔JGJ 122—1999，《老年人居住建筑设计规范》（GB 50340—2016）于 2017 年 7 月 1 日实施，本标准同时废止〕要求在床头设置呼叫对讲系统，不能自理区配置护工不足。

（2）日常管理不规范，消防安全防范意识淡薄。康乐园老年公寓日常管理不规范，没有建立相应的消防安全组织和消防制度，没有制定消防应急预案，没有组织员工进行应急演练和消防安全培训教育；员工对消防法律法规不熟悉、不掌握，消防安全知识匮乏。

（三）事故教训及防范措施

经调查认定，河南平顶山"5·25"特别重大火灾事故是一起生产安全责任事故。对事故有关责任人员及责任单位的处理建议：司法机关已对 31 名相关人员采取措施。针对这起事故，应加强如下防范措施：

1. 落实企业主体责任

单位应深刻吸取事故教训，牢固树立安全发展理念，始终坚守

"发展决不能以牺牲人的生命为代价"这条红线，排查平面布局、建筑结构、日常管理、人员素质等方面存在的突出问题，落实主体责任。单位内部应建立健全消防安全责任制，层层签订责任书，明确消防安全责任人，定期开展消防安全巡查，定期召开消防安全工作会，研究消防安全隐患。

2. 加强消防安全日常检查

单位内部应设立专门的组织，按照《消防法》要求的单位职责开展消防安全工作，进行以下消防安全日常检查：

（1）是否按照国家标准、行业标准配置消防设施、器材，设置消防安全标识，并定期组织检验、维修，确保完好有效。

（2）是否保障疏散通道、安全出口、消防车通道畅通。

（3）是否保证防火防烟分区、防火间距符合消防技术标准。

（4）是否及时消除火灾隐患，是否组织进行有针对性的消防演练。

3. 加强消防宣传和培训

根据《社会消防安全教育培训规定》（公安部令第 109 号）第十四条的规定，单位应当根据本单位的特点，建立健全消防安全教育培训制度，明确机构和人员，保障教育培训工作经费，并对职工进行下列消防安全教育培训：

（1）定期开展形式多样的消防安全宣传教育。

（2）对新上岗和进入新岗位的职工进行上岗前消防安全培训。

（3）对在岗的职工每年至少进行一次消防安全培训。

（4）消防安全重点单位每半年至少组织一次、其他单位每年至少组织一次灭火和应急疏散演练。

单位对职工的消防安全教育培训应当将本单位的火灾危险性、

防火灭火措施、消防设施及灭火器材的操作使用方法、人员疏散逃生知识等作为培训的重点。

三、河南洛阳东都商厦"12·25"特大火灾事故

（一）事故简要经过

东都商厦始建于 1988 年 12 月，位于洛阳市老城区中州东路，6 层建筑，地上 4 层、地下 2 层。2000 年 11 月，东都商厦与洛阳丹尼斯量贩有限公司（台资企业）合作成立洛阳丹尼斯量贩有限公司东都分店（以下简称东都分店），以东都商厦地下一层和地上一层为经营场所，拟于 12 月 28 日开业。

2000 年 11 月底，东都分店在装修时将地下第一层大厅中间通往地下第二层的楼梯通道用钢板焊封，但在楼梯两侧扶手穿过钢板处留有 2 个小方孔。2000 年 12 月 25 日 19 时许，为封闭两个小方孔，东都分店负责人王某某（台商）指使该店员工宋某、丁某某和王某某将一小型电焊机从东都商厦四层抬到地下第一层大厅，并安排王某某（无焊工资质证）进行电焊作业，未作任何安全防护方面的交代。王某某施焊中也没有采取任何防护措施，电焊火花从方孔溅入地下第二层可燃物上，引燃地下第二层的绒布、海绵床垫、沙发和木制家具等可燃物品。王某某等人发现后，用室内消火栓的水枪从方孔向地下二层射水灭火，在不能扑灭的情况下，既未报警也没有通知楼上人员逃离现场。在现场的东都商厦总经理李某某以及为开业准备商品的东都分店员工见势迅速撤离，也未及时报警和通知第四层娱乐城人员逃生。随后，火势迅速蔓延，产生的大量一氧

化碳、二氧化碳、含氰化合物等有毒烟雾，顺着东北、西北楼梯间向上蔓延（地下第二层大厅东南角的实门关闭，西南、东北、西北角的门为铁栅栏门，着火后，西南角的门进风，东北、西北角的门过烟不过人）。由于地下第一层至地上第三层东北、西北角楼梯与商场采用防火门、防火墙分隔，楼梯间形成烟囱效应，大量有毒高温烟雾通过楼梯迅速扩散到第四层娱乐城。着火后，东北角的楼梯被烟雾封堵，其余的 3 部楼梯上锁，人员无法通行，仅有少数人员逃到靠外墙的窗户处获救，其余 309 人中毒窒息死亡。

21 时 35 分、21 时 38 分，洛阳市消防支队 119 和公安局 110 相继接到东都商厦发生火灾的报警，立即调集 800 余名消防官兵和公安民警、30 余台消防车辆进行扑救。洛阳市委、市政府主要领导立即赶赴火灾现场，组织指挥抢险和救护工作。22 时 50 分，火势得到有效控制；26 日零时 37 分，大火被完全扑灭。

（二）事故原因分析

1. 直接原因

经现场勘查调查取证和综合分析，查明"12·25"火灾是因该商厦地下一层东都分店非法施工、施焊人员违章作业、电焊火花溅落到地下第二层家具商场的绒布、海绵床垫、沙发和木制家具等可燃物品上造成的。施焊人员明知商厦地下第二层存有大量可燃木制家具，却在不采取任何防护措施的情况下违章作业，导致火灾发生。

2. 间接原因

（1）造成大量人员死亡的原因。烟气快速涌入，造成大量人员因烟气中毒死亡。经当地气象部门证实，商厦外部一直持续 3～4

级西南风。烟气在垂直方向是通过楼梯扩散的，经现场勘察楼梯的分布情况发现，东都商厦共有5部楼梯，分别位于商厦东北、西北、东南、西南和中部。中部楼梯在地下一层被钢板封死，东南角、西南角楼梯未通至屋顶平面，东北角、西北角楼梯通至屋顶平面，地下一层和地上一、二、三层与各层之间基本为封闭状态。这样，火灾前西北角、东北角和地下二层之间形成了一个U型管。由于东南角、西南角楼梯被铁栅栏封死，过气不过人，为燃烧提供了大量的空气，加速了大火的燃烧速度，产生的烟气快速经东北角、西北角楼梯涌向地上四层娱乐城内，形成了一个烟囱效应，导致人员吸入大量烟气、毒气死亡。

（2）灭火设施没有起作用。经调查，地下二层没有火灾自动报警系统，火灾发生后，没有警报，责任人灭火未成功，也没有及时报警和通知其他人员撤离。而且地下二层没有自动喷淋系统，导致火灾不能得到有效控制。

（3）疏散通道被封死。经现场勘察，四楼歌舞厅在东北、西北、东南、西南有4部楼梯，其中西北、东南、西南楼梯被上锁的铁栅栏门封死，唯有东北角疏散楼梯敞开，但成为烟气的主要流通通道。所以，在烟气大量涌入时，歌舞厅人员由于疏散通道被封死，已无路可逃。

（4）东都商厦工作人员安全培训不够，安全意识淡薄。经洛阳市工商局证实，东都商厦四楼娱乐城容纳客量为200人，发生火灾当天，由于圣诞节无限制售票，达到350人。火灾发生后，肇事人员和东都商厦在现场的职工和领导既不及时报警，也不通知四层东都娱乐城人员撤离，使娱乐城大量人员丧失逃生机会，中毒窒息死亡。

消防安全知识学习手册

（5）大厦内部格局不合理。在地下二层和地上四层娱乐城之间没有防火分区，没有防烟设备，也没有排烟设备，才会造成大量人员中毒死亡。

（三）事故教训及防范措施

1. 全面实行消防安全责任制，明确各级人员消防安全职责。

2. 公共娱乐场所应设置在三楼以下建筑物内，建筑耐火等级不宜低于二级。经核准，设置在地下建筑、三楼以上或三级耐火等级建筑的，应当符合特定防火安全要求。

3. 应采用不燃、难燃材料进行装修，局部采用可燃材料的，应作防火处理。

4. 安全出口数目、疏散宽度和距离应符合国家有关建筑设计防火规范的规定，不得设置门槛、台阶，疏散门应向外开启，不得采用卷帘门、转门、吊门、侧拉门和影响疏散的遮挡物，严禁阻塞安全出口和将门上锁。

5. 应按国家有关规范规定，安装自动报警和自动灭火设施，配备足够的消防器材。

6. 认真履行建筑消防审核、竣工验收和治安、文化部门的有关审批手续。

7. 严格核定场所人员容量，不得超员。

8. 对员工进行消防教育培训，教会防灭火基本知识，会报警，会使用室内消防设施和器材，会扑救初起火灾，会组织疏散。

128

四、上海市"11·15"教师公寓特大火灾事故

（一）事故简要经过

2010 年 11 月 15 日，上海市静安区胶州路 728 号胶州教师公寓正在进行外墙整体节能保温改造。14 时 14 分，4 名无证焊工在 10 层电梯前室北窗外进行违章电焊作业，由于未采取保护措施，电焊溅落的金属熔融物引燃下方 9 层位置脚手架防护平台上堆积的聚氨酯硬泡保温材料碎块，聚氨酯迅速燃烧，形成密集火灾。由于未设现场消防措施，4 人不能将初期火灾扑灭，于是逃跑。燃烧的聚氨酯引燃了楼体 9 层附近表面覆盖的尼龙防护网和脚手架上的毛竹片。由于尼龙防护网是全楼相连的一个整体，火势便由此开始，以 9 层为中心蔓延，引燃了各层室内的窗帘、家具、煤气管道的残余气体等易燃物质，造成火势的急速扩大，并于 15 时 45 分达到最大。

消防部门全力进行救援，火灾持续了 4 小时 15 分，18 点 30 分，大火基本被扑灭，最终导致 58 人死亡、71 人受伤。

（二）事故原因分析

1. 直接原因

焊接人员无证上岗，焊接时未能按照焊工安全操作规程采取防护或隔离措施，导致焊接熔化物溅到楼下不远处的聚氨酯硬泡保温材料上，聚氨酯硬泡迅速燃烧，引燃楼体表面可燃物，大火迅速蔓延至整栋大楼。

2. 间接原因

（1）工程中所采用的聚氨酯硬泡保温材料不合格或部分不合格。硬泡聚氨酯是新一代的建筑节能保温材料，导热系数是目前建筑保温材料中最低的，是实现我国建筑节能目标的理想保温材料。按照我国建筑外墙保温的相关标准要求，用于建筑节能工程的保温材料的燃烧性能要求是不低于 B2 级。而按照标准，B2 级别应具有的性能之一就是不能被焊渣引燃。很明显，该被引燃的硬泡聚氨酯保温材料不合格。

（2）施工作业现场管理混乱，存在明显的抢工期、抢进度、突击施工的行为。《建设工程安全生产管理条例》（中华人民共和国国务院令第 393 号）第七条规定："建设单位不得对勘察、设计、施工、工程监理等单位提出不符合建设工程安全生产法律、法规和强制性标准规定的要求，不得压缩合同约定的工期。"第十条规定："建设单位在申请领取施工许可证时，应当提供建设工程有关安全施工措施的资料。依法批准开工报告的建设工程，建设单位应当自开工报告批准之日起 15 日内，将保证安全施工的措施报送建设工程所在地的县级以上地方人民政府建设行政主管部门或者其他有关部门备案。"

（三）事故教训及防范措施

上海"11·15"教师公寓特大火灾事故的主要原因有两个：一是无证焊工的违章作业；二是贪图便宜而采用的易燃材料不能承受焊渣的温度而燃烧。但归根结底还是管理部门的问题。

1. 施工总包企业要建立健全安全质量管理制度并落实

（1）施工总承包企业要规范自己的分包行为，严格监督分包单位的工作情况，不分包给不具有资格或内部人员不具有操作资格的单位，对发现分包单位的违法分包等情况要及时制止，严重的直接加入黑名单，不能因为是"兄弟单位"就降低要求。施工总包企业对分包单位要进行监督管理，及时发现事故隐患，并勒令其整改。

（2）施工单位要加大对作业人员的安全教育培训和上岗要求，对特种作业人员必须严格进行培训，并要求具备特种作业操作资格证，杜绝无证上岗的行为。培训时尤其要注意提高其安全意识，增强安全操作技能，将事故发生的可能降到最低。

（3）施工企业要落实安全责任制，项目主要负责人、专职安全管理人员必须加强日常安全生产的监督检查，尤其对于一些危险性较大的施工作业，必须进行现场监督、指导，及时制止"三违"行为。

2. 监理单位切实落实履行监理职责

按照《建设工程监理规范》（GB/T 50319—2013）及《建设工程安全生产管理条例》（中华人民共和国国务院令第 393 号），工程监理单位应严格在施工准备阶段对工程总包单位、各分包单位的资质进行审查并提出审查建议，同时严格施工阶段的日常管理，对违反国家强制性标准的不安全行为及时制止并下达整改通知，通知无效的，要立即上报建设单位，建设单位不采纳的，要上报安全生产主管部门。当然，一个监理部门这样做，总包单位可能会终身不用它，但若全社会的监理机构均如此做，总包单位便不得不用。所以要加强监理部门的职业道德，杜绝"走后门"情况。

3. 政府主管部门加强监督管理的职能

政府主管部门需进一步规范施工许可证的受理发放流程，确保建设工程的安全生产。严格加强对复工、新开工工地的审核，严格

执行自查、整改、复工申请、现场复核、监督抽查和审核批准等程序办理复工手续；对需申领施工许可证的新开工工程，严格按施工许可申请、现场核查和申领施工许可证等程序办理有关手续。政府监管部门要加强施工现场的检查力度，突出重点，抓住关键环节，反"三违"（违章指挥、违章作业、违反劳动纪律）、查"三超"（超载、超员、超速）、禁"三赶"（赶工期、赶进度、赶速度），对违规行为进行重罚，加强警戒，落实监督的责任。

消防安全常识二十条

第一条　自觉维护公共消防安全，发现火灾迅速拨打 119 电话报警，消防队救火不收费。

第二条　发现火灾隐患和消防安全违法行为可拨打 96119 电话，向当地公安消防部门举报。

第三条　不埋压、圈占、损坏、挪用、遮挡消防设施和器材。

第四条　不携带易燃易爆危险品进入公共场所、乘坐公共交通工具。

第五条　不在严禁烟火的场所动用明火和吸烟。

第六条　购买合格的烟花爆竹，燃放时遵守安全燃放规定，注意消防安全。

第七条　家庭和单位配备必要的消防器材并掌握正确的使用方法。

第八条　每个家庭都应制订消防安全计划，绘制逃生疏散路线图，及时检查、消除火灾隐患。

第九条　室内装修装饰不应采用易燃材料。

第十条　正确使用电器设备，不乱接电源线，不超负荷用电，及时更换老化电器设备和线路，外出时要关闭电源开关。

第十一条　正确使用、经常检查燃气设施和用具，发现燃气泄

漏，迅速关阀门、开门窗，切勿触动电器开关和使用明火。

第十二条　教育儿童不玩火，将打火机和火柴放在儿童拿不到的地方。

第十三条　不占用、堵塞或封闭安全出口、疏散通道和消防车通道，不设置妨碍消防车通行和火灾扑救的障碍物。

第十四条　不躺在床上或沙发上吸烟，不乱扔烟头。

第十五条　学校和单位定期组织逃生疏散演练。

第十六条　进入公共场所注意观察安全出口和疏散通道，记住疏散方向。

第十七条　遇到火灾时沉着、冷静，迅速正确逃生，不贪恋财物、不乘坐电梯、不盲目跳楼。

第十八条　必须穿过浓烟逃生时，尽量用浸湿的衣物保护头部和身体，捂住口鼻，弯腰低姿前行。

第十九条　身上着火，可就地打滚或用厚重衣物覆盖，压灭火苗。

第二十条　大火封门无法逃生时，可用浸湿的毛巾、衣物等堵塞门缝，发出求救信号等待救援。